2

Testauswertung: Wie werden Sie eine Note besser?

Im Buch finden Sie die entsprechenden To do's zum Besserwerden.

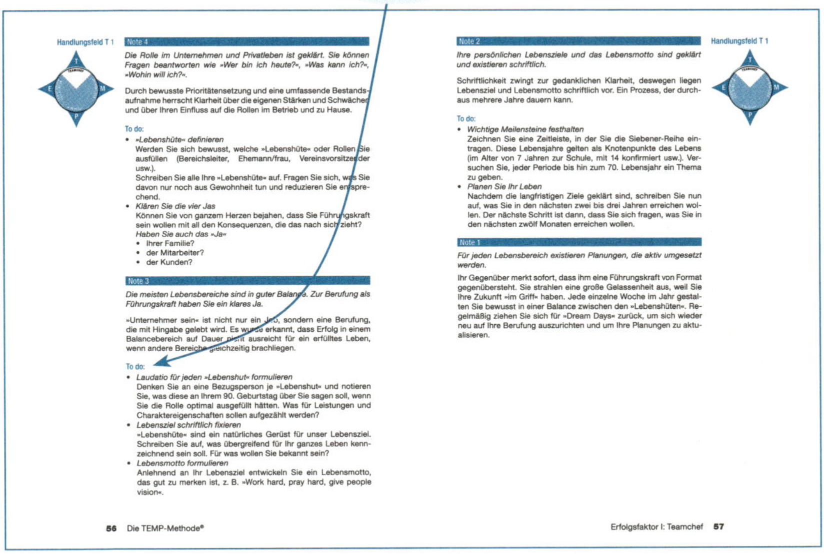

Handlungsfeld T 1

Note 4

Die Rolle im Unternehmen und Privatleben ist geklärt. Sie können Fragen beantworten wie »Wer bin ich heute?«, »Was kann ich?«, »Wohin will ich?«.

Durch bewusste Prioritätensetzung und eine umfassende Bestandsaufnahme herrscht Klarheit über die eigenen Stärken und Schwächen und über Ihren Einfluss auf die Rollen im Betrieb und zu Hause.

To do:

- *»Lebenshüte« definieren*
  Werden Sie sich bewusst, welche »Lebenshüte« oder Rollen Sie ausfüllen (Bereichsleiter, Ehemann/frau, Vereinsvorsitzender usw.).
  Schreiben Sie alle Ihre »Lebenshüte« auf. Fragen Sie sich, was Sie davon nur noch aus Gewohnheit tun und reduzieren Sie entsprechend.
- *Klären Sie die vier Jas*
  Können Sie von ganzem Herzen bejahen, dass Sie Führungskraft sein wollen mit all den Konsequenzen, die das nach sich zieht?
  Haben Sie auch das »Ja«
  - Ihrer Familie?
  - der Mitarbeiter?
  - der Kunden?

Note 3

Die meisten Lebensbereiche sind in guter Balance. Zur Berufung als Führungskraft haben Sie ein klares Ja.

»Unternehmer sein« ist nicht nur ein Job, sondern eine Berufung, die mit Hingabe gelebt wird. Es wurde erkannt, dass Erfolg in einem Balancebereich auf Dauer nicht ausreicht für ein erfülltes Leben, wenn andere Bereiche gleichzeitig brachliegen.

To do:

- *Laudatio für jeden »Lebenshut« formulieren*
  Denken Sie an eine Bezugsperson je »Lebenshut« und notieren Sie, was diese an Ihrem 90. Geburtstag über Sie sagen soll, wenn Sie die Rolle optimal ausgefüllt hätten. Was für Leistungen und Charaktereigenschaften sollen aufgezählt werden?
- *Lebensziel schriftlich fixieren*
  »Lebenshüte« sind ein natürliches Gerüst für unser Lebensziel. Schreiben Sie auf, was übergreifend für Ihr ganzes Leben kennzeichnend sein soll. Für was wollen Sie bekannt sein?
- *Lebensmotto formulieren*
  Anlehnend an Ihr Lebensziel entwickeln Sie ein Lebensmotto, das gut zu merken ist, z. B. »Work hard, pray hard, give people vision«.

56 Die TEMP-Methode®

Note 2

Ihre persönlichen Lebensziele und das Lebensmotto sind geklärt und existieren schriftlich.

Schriftlichkeit zwingt zur gedanklichen Klarheit, deswegen liegen Lebensziel und Lebensmotto schriftlich vor. Ein Prozess, der durchaus mehrere Jahre dauern kann.

To do:

- *Wichtige Meilensteine festhalten*
  Zeichnen Sie eine Zeitleiste, in der Sie die Siebener-Reihe eintragen. Diese Lebensjahre gelten als Knotenpunkte des Lebens (im Alter von 7 Jahren zur Schule, mit 14 konfirmiert usw.). Versuchen Sie, jeder Periode bis hin zum 70. Lebensjahr ein Thema zu geben.
- *Planen Sie Ihr Leben*
  Nachdem die langfristigen Ziele geklärt sind, schreiben Sie nun auf, was Sie in den nächsten zwei bis drei Jahren erreichen wollen. Der nächste Schritt ist dann, dass Sie sich fragen, was Sie in den nächsten zwölf Monaten erreichen wollen.

Note 1

Für jeden Lebensbereich existieren Planungen, die aktiv umgesetzt werden.

Ihr Gegenüber merkt sofort, dass ihm eine Führungskraft von Format gegenübersteht. Sie strahlen eine große Gelassenheit aus, weil Sie Ihre Zukunft »im Griff« haben. Jede einzelne Woche im Jahr gestalten Sie bewusst in einer Balance zwischen den »Lebenshüten«. Regelmäßig ziehen Sie sich für »Dream Days« zurück, um sich wieder neu auf Ihre Berufung auszurichten und um Ihre Planungen zu aktualisieren.

Handlungsfeld T 1

Erfolgsfaktor I: Teamchef 57

3

Das TEMP-Haus: So navigieren Sie Ihr Unternehmen zum Erfolg!

Bauen Sie das TEMP-Haus, indem Sie festlegen, was Sie in den nächsten Jahren konkret umsetzen wollen.

Seite 207

Einfach auf www.temp-methode.de gehen.
Unter TEMP-Test online können Sie sich selbst bewerten. Eine kostenlose qualifizierte Auswertung erhalten Sie innerhalb von 2–3 Tagen.

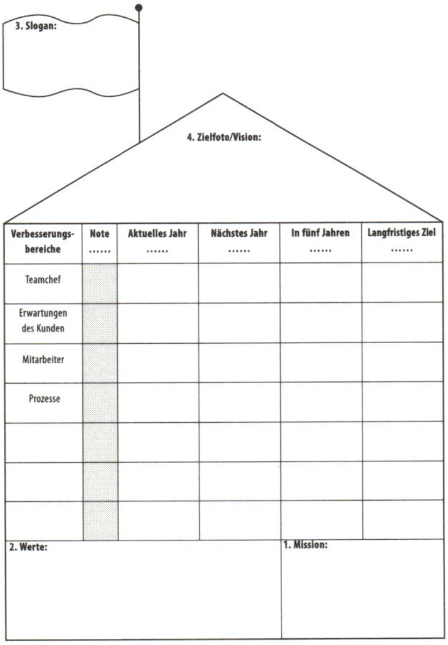

Die TEMP-Methode®

Prof. Dr. Jörg Knoblauch ist geschäftsführender Gesellschafter der Firmen tempus, persolog (Persönlichkeits-Profile D-I-S-G) und tempus-Consulting. Der führende Managementvordenker für den Mittelstand entwickelt und vermittelt seit über 20 Jahren in seinen Firmen zielgerichtet neue Führungsmodelle, radikale Kundenorientierung, Mitarbeiterbindung und Prozessoptimierung. Seine Bücher wurden in ein Dutzend Sprachen übersetzt.

Jürgen Kurz, MBA, ist Geschäftsführer der tempus. GmbH. Er war Projektleiter bei den Bewerbungen zum Ludwig-Erhard-Preis 2002 und International Best Factory Award 2004. Sein Schwerpunkt sind Seminare zu den Themen »Zielvereinbarung – Ihr Weg zu Spitzenleistung und variabler Entlohnung« sowie »Für immer aufgeräumt – 20 % mehr Effizienz im Büro«.

Jürgen Frey, Dipl.-Wirtschaftsingenieur (FH), ist Marketing- und Vertriebsleiter der tempus. GmbH. In den letzten zehn Jahren hat er in verschiedenen Firmen die Vertriebsaktivitäten verantwortet und neue Geschäftsfelder aufgebaut. Seine Schwerpunkte sind die Themen effizienter Vertrieb, Kundenzufriedenheit und Service.

tempus-Consulting ist ein Geschäftsbereich der tempus. GmbH. Die Unternehmensgruppe wurde mit einer Vielzahl der angesehensten Wirtschaftspreise ausgezeichnet, unter anderem mit dem BestPersAward für exzellente Personalführung sowie mit dem International Best Service Award. Dieses Know-how wird unter dem Motto »Unternehmer beraten Unternehmen« in der Beratung an mittelständische Unternehmen weitergegeben.

www.temp-methode.de

Jörg Knoblauch
Jürgen Kurz
Jürgen Frey

Die TEMP-Methode®

Das Konzept für Ihren unternehmerischen Erfolg

Mit einem Vorwort von Klaus Kobjoll

Mit Illustrationen von Werner Tiki Küstenmacher

Campus Verlag
Frankfurt/New York

Teile dieses Buches erschienen erstmals 2001 unter dem Titel *Unternehmens-Fitness – Der Weg an die Spitze* im Gabal Verlag. Dies ist die komplett überarbeitete Fassung.

Wichtiger Hinweis der Autoren:
Dieses Buch ist eigentlich eine unerlaubte Abkürzung. – Warum?

Mithilfe der Kurzanleitung (ganz vorne im Buch) brauchen Sie etwa 2–3 Stunden, um dieses Werk durchzuarbeiten.

Um weitere nachhaltige Veränderungen zu erzielen, gibt es nun drei Möglichkeiten:

1. Im Text wird immer wieder auf ein Methodenhandbuch Bezug genommen. Dieses erhalten Sie bei www.tempus-consulting.de.
2. Seminare und Lizenzierungen helfen Ihnen, die Methode erfolgreich anzuwenden.
3. Wir kommen gerne zu Ihnen und unterstützen Sie bei der Umsetzung.

tempus-Consulting
Postfach 14 08
89529 Giengen
Tel.: 07322 950-180
Fax: 07322 950-187
www.tempus-consulting.de

Bibliografische Information der Deutschen Nationalbibliothek:
Die Deutsche Nationalbibliothek verzeichnet diese Publikation in der Deutschen Nationalbibliografie. Detaillierte bibliografische Daten sind im Internet unter http://dnb.d-nb.de abrufbar.
ISBN 978-3-593-38806-9

Umschlaggestaltung: Hißmann, Heilmann, Hamburg
Satz: Fotosatz L. Huhn, Linsengericht
Druck und Bindung: Druckhaus »Thomas Müntzer«, Bad Langensalza
Gedruckt auf säurefreiem und chlorfrei gebleichtem Papier.
Printed in Germany

Besuchen Sie uns im Internet: www.campus.de

Inhalt

Sie haben wenig Zeit?
Dann steigen Sie am besten gleich ins Kapitel 4 auf Seite 47 ein!

Vorwort
An der Spitze ist noch viel Platz

Gezieltes Vorgehen ist gefragt

Wer wünschte sich nicht, zu den Spitzenreitern seiner Branche zu zählen? Doch gerade kleine und mittelständische Unternehmen gehen häufig nicht strukturiert genug vor. Viele Entscheider bleiben beim Wünschen stehen, denken kaum konzeptionell und entscheiden zu viel »aus dem Bauch«.

Wie Sie zur Spitze kommen, lernen Sie mit der vorliegenden TEMP-Methode®. »TEMP« steht für »Teamchef«, »Erwartungen des Kunden«, »Mitarbeiter« und »Prozesse«. Die Methode hilft Ihnen, Ihr Unternehmen zu bewerten und Schritt für Schritt zu optimieren. Dass die TEMP-Methode® »funktioniert«, haben die Autoren mit ihren Unternehmen bewiesen.

Die TEMP-Methode® macht Sie fit

Klar: Der Weg nach oben fordert vollen Einsatz. Es wird viele Hindernisse geben. Doch die TEMP-Methode® nimmt Sie an die Hand und führt Sie in eine Fitnesszone, in der Sie auch bereit sind für die kommenden Herausforderungen des EFQM-Wettbewerbs.

Lassen Sie sich darauf ein, bleiben Sie dran. Und denken Sie daran: Wer sich großen Herausforderungen stellt, braucht keine Angst zu haben, dass er viel Konkurrenz bekommt.

Klaus Kobjoll
Gastronom und Hotelier,
Gewinner des European Quality Awards,
des Ludwig-Erhard-Preises und
zahlreicher weiterer Auszeichnungen

Kapitel 1

Schritt für Schritt zur Weltklasse

»Manche meiner Unternehmerkollegen kommen mir vor wie derjenige, der aus dem 98. Stockwerk fiel und beim 5. Stockwerk konstatierte, dass bisher alles ganz gut gelaufen sei.«
Aus der Chefetage

Die Zeichen der Zeit erkennen

Wer zu langsam ist, verliert

Die Zeiten sind unbarmherzig: Wer zu lange braucht, wer zu langsam wächst oder wer gar Fehler macht, ist weg vom Fenster. Dem drehen die Kapitalgeber in der zweiten Finanzierungsrunde den Geldhahn zu. Gestern hieß es noch »Time to market«. Heute ist es bereits »Time to profit«, was zählt. Ein Topmanager gesteht: »Du kämpfst ohne Ende. Du musst kämpfen wie ein junger Baum im Dschungel, der so schnell wie möglich hoch zum Licht will.« (*Der Spiegel*). Sie brauchen kein Profi zu sein, um zu erkennen: Der erforderliche Energieeinsatz wird weiter zunehmen, ohne dass sich die Ergebnisse in entsprechender Weise verbessern. Produkte, Dienstleistungen und Serviceangebote gleichen sich immer mehr an, genauso die Preise.

Vermutlich haben Sie in den letzten sechs Monaten keine Zeit mehr gefunden, um über die Strategie Ihres Unternehmens nachzudenken.

Wichtige Gespräche mit Mitarbeitern, das Treffen langfristiger Vereinbarungen usw. wurden mehrfach zugunsten von Dingen wie Reklamationen verschoben. Sie kämpfen wie gegen Windmühlen. Die Welt ändert sich in einem dramatischen Tempo. Vor dem Hintergrund, dass jedes Jahr 30 000

Unternehmen pleite gehen, heißt Ihre Aufgabe ganz einfach: »Überlebe!«.

Benchmarking – So orientieren Sie sich an den Besten!

Durch Benchmarking verändert sich überall auf der Welt die Perspektive von leitenden Angestellten und Managern. Es zeigt Ihnen, wie gut, mittelmäßig oder schlecht Ihr Unternehmen in bestimmten Aspekten der Geschäftstätigkeit im Vergleich zu Unternehmen von Weltrang abschneidet.

Mit anderen Worten: Benchmarking ist die Bewertung der eigenen Unternehmensprozesse im Vergleich zu denen der Marktführer. Der »Beste« wird zum Standard, an dem sich alle anderen messen können.

Blick über den Tellerrand

Dieses Messen geschieht nicht nur innerhalb einer Firma oder innerhalb einer Branche, sondern geht kreuz und quer. Ein Kohlebergbau-Unternehmen geht zu Disneyworld nach Florida, um dort zu lernen, wie Disney bei den Animationsfiguren die Pneumatik aufrechterhält. Die amerikanische South-West-Airline studiert bei der Formel 1 den Boxenstop. Am Ende des

Lernprozesses steht, dass man ein Flugzeug innerhalb von 25 Minuten komplett entladen, säubern, beladen und abflugbereit machen kann.

Benchmarking ist keineswegs neu. Benchmarks können bis in die frühe Zeit der Ägypter zurückverfolgt werden.

In einen Steinbrocken wurde an einem genau festgelegten Punkt eine Kerbe geschlagen, um als Stütze (engl.: »bench«) für eine Nivellierlatte zu dienen. Mit diesem Bezugspunkt (engl.: »mark«) kann man Höhen oder Abstände messen. Noch heute hat der Begriff »Benchmark« im englischen Vermessungsbauwesen diese Bedeutung.

Rank Xerox hat die Methode des Benchmarking 1979 einer breiten Öffentlichkeit zugänglich gemacht. In Japan wurde Benchmarking bereits lange vor 1979 angewandt. Dort gibt es z. B. das zeitweise Ausleihen von Angestellten an andere Unternehmen. Durch diese Jobrotation werden Angestellte ermutigt, nicht nur die internen Prozesse der eigenen Firma genau kennenzulernen, sondern auch die eigene Organisation zu verlassen und von anderen Unternehmen neue Prozessideen mitzubringen. Die Lufthansa hat in den letzten Jahren ihre Mitarbeiter in anderen Firmen auf der ganzen Welt hospitieren lassen, um damit dem eigenen Unternehmen zum Fortschritt zu verhelfen.

Sagen Sie nicht zu schnell: »Wir sind nicht vergleichbar.«

Lernen Sie von anderen

Wenn Sie mit Lebensmitteln handeln, können Sie von allen lernen, die mit verderblicher Ware und schnellem Umschlag zu tun haben. Wenn Sie ein Apotheker sind, dann können Sie von allen lernen, die viele Artikel täglich disponieren müssen, und wenn Sie eine Bank führen, dann können Sie von denen lernen, die massiven EDV-Einsatz praktizieren. Im Übrigen gibt es Branchenkennzahlen, es gibt Arbeitskreise und Verbände, und es gibt Statistiken, an denen Sie sich orientieren können.

Unsere mittelständische Firma nimmt jährlich an etwa 30 Wettbewerben teil, wie beispielsweise »Fabrik des Jahres«, »Best Factory Award« usw. Möglicherweise fragen Sie: »Habt ihr nichts zu tun?« Doch, natürlich. Der Grund ist: Wir sind immer auf der Suche nach neuen Benchmarks. Bei vielen Wettbewerben bekommt man eine Auswertung, die einem wiederum hilft, nicht nur seinen Standpunkt, sondern auch seine Ziele in neuem Licht zu sehen.

Das »TOP-Programm« des Bundeswirtschaftsministeriums ist eine weitere hervorragende Benchmarkveranstaltung (TOP-Team, c/o F.A.Z.-Institut, Postfach 20 01 63, 60605 Frankfurt am Main, www.top-online.de, mail@top-online.de). Über 100 Unternehmen – darunter auch die Firma tempus – öffnen mehrmals im Jahr für jeweils einen Tag ihre Pforten. Geschäftsführende und leitende Angestellte können sich zu diesen Veranstaltungen sehr preiswert anmelden. Benchmarking par excellence.

Wie viel schlechter dürfen Sie sein?

Übrigens: Wie viel schlechter als die Sieger dürfen Sie sein? Schätzungsweise verzeiht es Ihnen der Kunde, wenn Sie maximal 15 Prozent schlechter als der Beste Ihrer Branche sind. 30 Prozent schlechter wird er Ihnen nicht verzeihen.

Die Firma tempus z. B. ist im Versandgeschäft tätig. Der Otto Versand in Hamburg hält das Benchmark, wenn es um die Geschwindigkeit der Zustellung geht. Viele Artikel können in Ballungsräumen noch am selben Tag zugestellt werden. Unser Kunde versteht, dass wir das nicht können. Wenn er heute bestellt und morgen die Ware hat, ist er absolut zufrieden. Noch vor wenigen Jahren jedoch lief das Geschäft für uns völlig anders. Am Tag 1 haben wir den Auftrag erhalten, am Tag 2 haben wir uns an die Hand genommen und gefreut. Am Tag 3 ging jemand ins Lager, um die Artikel zu picken und zu packen. Dieses Vorgehen würde unser Kunde heute nicht mehr akzeptieren.

Verstehen Sie, wie Erfolg entsteht

Wir hören oft den Vorwurf: Wer in den Fußstapfen des anderen geht, läuft letztlich hinterher und wird nie zum Marktführer. Zwei Einwände sprechen dagegen:

1. Gute Firmen haben immer viele Lehrmeister. Mit anderen Worten: Benchmarking wird hier nicht nur mit einem Vorbild bzw. Wettbewerber gemacht, sondern mit vielen.
2. Es geht nicht so sehr um das Kopieren, sondern vielmehr um das Kapieren. Wer immer nur kopiert – also imitiert –, wird nie zum Marktführer werden. Wer aber kapiert – und dann beginnt, selber Anstöße zu geben –, der hat gute Chancen, Sieger zu werden.

So steigern Sie Ihre Unternehmensfitness

Keine Frage: Unternehmen sind unterschiedlich fit. Fitness wird vor allem dadurch bestimmt, wie man mit Geschwindigkeit und Komplexität umgeht.

Fitnessfaktor »Geschwindigkeit«

In den 60er Jahren hieß es: »Groß frisst klein.« Heute gibt es nur noch einen Trend: »Schnell gegen langsam.«

McDonald's hat durchschnittliche Bedienzeiten von 2,5 Minuten – zumindest ist dies der Anspruch. Tacobell-Express hat diese Bedienzeiten dramatisch verkürzt – und sich damit einen Wettbewerbsvorteil geschaffen.

Der amerikanische Brillenhersteller Lenscraft hat den Anspruch, jedes Brillenglas in jeder Stärke in nur 1,5 Stunden zu liefern. In der Praxis sieht das dann so aus: Der Kunde kommt, macht einen Augentest, isst anschließend gegenüber eine Pizza und holt gleich danach seine fertiggestellte Brille ab.

Der Microsoft-Gründer Bill Gates bekennt in einem Fernsehinterview: »Das Einzige, wovor ich mich fürchte, ist, ein halbes Jahr gepennt zu haben, und wir sind tot.« Solche Beispiele, die zeigen, dass Geschwindigkeit alles ist, kann man beliebig oft finden.

Fitnessfaktor »Umgang mit Komplexität«

Die Wissensvermehrung geht in einem rapiden Tempo voran. Derzeit verdoppelt sich das Wissen etwa alle fünf Jahre. Wer ein Studium beginnt, muss damit rechnen, dass sich beim Abschluss des Studiums das Wissen seines Fachgebiets verdoppelt hat. Die Wissensexplosion ist einer der Gründe, warum die Komplexität ständig zunimmt und kaum mehr zu managen ist.

»Hiermit eröffne ich feierlich das Institut zur Erforschung der immer komplizierter werdenden Zusammenhänge.«

In den USA gibt es den Begriff »Mosaics«. Mit diesem Wort bezeichnet man diejenigen, die keine Allgemeinbildung im früheren Sinne mehr haben. Sie haben dafür ein ausgedehntes Einzelwissen zu ganz bestimmten Themen. Die Mosaics – sie sind zur Zeit noch jünger als 20 Jahre – werden schon bald die amerikanische Gesellschaft prägen.

Die neue Generation der »Mosaics«

Die unterschiedlichen Zonen der Fitness werden an einem Bild aus der Natur deutlich: Die ersten Siedler in den USA, die mit ihren Trecks in Richtung Rocky Mountains zogen, mussten über die großen Prärien des weiten Westens. Dort sind die »Buffalos«, große Bisonherden, zu Hause. Für die nach Westen ziehenden Trecks waren die Büffel eine große Bedrohung. Wenn die Bisons angriffen, gab es Tote und Verletzte.

Von der Natur lernen

Es dauerte nicht lange, bis man herausgefunden hatte, dass jede dieser Herden ein Leittier hat, das die Kommandos gibt. Wenn der Leitbison angreift, greifen alle an. Wenn er friedlich vor sich hin grast, grasen alle friedlich vor sich hin. Ist es erst einmal gelungen, ihn zu identifizieren und zu töten, muss man von den anderen Büffeln nichts mehr befürchten – sie grasen einfach weiter.

Büffelherde = hierarchische Struktur

Dies ist ein Bild für Firmen der Fitnesszone I. In der Regel sind sie streng hierarchisch geführt. Es gibt einen Chef, der die Kommandos gibt. Was er sagt, wird getan. Ist er einen Tag nicht im Haus, dann tun die Mitarbeiter eben nochmal, was sie gestern taten. In der Regel wird er nicht lange wegbleiben, denn er ist unentbehrlich.

Hierarchie = Zone I

Wildgänse legen enorme Distanzen zurück und leisten dabei Unglaubliches. Wenn sie für den Winter nach Süden ziehen, kann jeder sehen, wie sie in »V«-Formation dahinfliegen.

Wissenschaftler haben herausgefunden, dass jeder Vogel durch seinen Flügelschlag einen Auftrieb für den ihm unmittelbar folgenden Vogel erzeugt. Durch das Fliegen in »V«-Formation erlangt der ganze Schwarm eine mindestens 71 Prozent größere Reichweite, als ein Vogel allein fliegen könnte.

Fitnesszone II:
Die Büffel haben schon eine Menge gelernt, aber die Flügel sind noch nicht gewachsen. Das Fliegen klappt noch nicht, und auch der Wechsel an der Spitze wird noch nicht bewerkstelligt.

Wildgänse = jede führt mal

Aber mehr noch: An der Spitze herrscht ein ständiger Wechsel. Die Leitgans, die eben noch voranflog, befindet sich nur wenige Minuten später im dritten oder vierten Glied – und eine andere

Leitgans weist den Weg. Entsprechend des Energievorrats, der Flughöhe usw. wechselt sich die Spitze ständig aus.

Jede Gans hat also Zeiten der Erholung und tankt Kraft im Windschatten anderer Gänse. Dieser Führungswechsel findet gleitend und fast unmerklich statt. Übrigens: Die am Ende fliegenden Gänse schnattern und »hupen« von hinten, um die vorderen zu ermuntern, ihre Geschwindigkeit beizubehalten. Die Führungsstruktur der Wildgänse entspricht der Fitnesszone III.

Wechselnde Führung = Zone III

Keine Frage: Bei einem Unternehmen, das so funktioniert, macht es Spaß, Führungskraft zu sein. Fantastisch, wenn eine Organisation so strukturiert ist, dass jeder vorangehen kann, je nach Kompetenz und Erfahrung. Die anderen stärken ihm den Rücken und stehen hinter diesen Entscheidungen.

Schritt für Schritt zur Weltklasse

In diesem Buch laden wir Sie dazu ein, sich mit uns auf den Weg zu machen: Schritt für Schritt zur Weltklasse. Eine anspruchsvolle Aufgabe. Die Abbildung zeigt, wie dieser Weg aussieht.

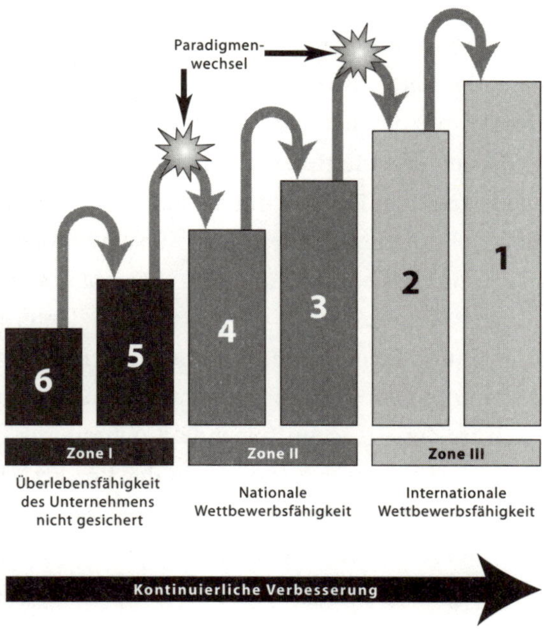

Schritt für Schritt zur Weltklasse

Alle Mitarbeiter brauchen viel Zeit

Wie in der Schule können Sie Noten von 1 bis 6 für die Fitness Ihres Unternehmens vergeben. Gehen Sie davon aus, dass Sie in einem Jahr um etwa eine halbe Note besser werden können. Wenn Sie sich also beispielsweise von der Note 5 auf die Note 3 verbessern wollen, brauchen Sie dafür vier Jahre. Und wer sich von der Note 5 auf die Note 1 verbessern möchte, muss mit acht Jahren rechnen.

Alle Mitarbeiter müssen mitziehen

Dazu reicht es aber nicht aus, dass Sie als Chef beschließen, diesen Weg zu gehen. Nein, es geht nur, wenn Sie alle Mitarbeiter gewinnen. Die vielen Projekte müssen von unterschiedlichen Mitarbeitern gemeinsam angegangen werden, sonst dauert dieser Prozess noch länger. Denken Sie daran: Die nötigen Veränderungen sind nicht allein mit einem Berater zu lösen, der mit einem Crash-Programm ins Haus kommt.

Es geht um die Veränderung von Menschen und deren Gewohnheiten. Dafür sind lange Zeiträume notwendig.

Ein neues Paradigma ist gefragt

In der Abbildung von Seite 17 finden Sie das Wort »Paradigmenwechsel«. Ein solcher Paradigmenwechsel bedeutet einen Wandel des Weltbilds. So glaubten die Menschen z. B. früher, die Erde sei eine Scheibe. Später wurde dann klar: Die Erde ist rund. Alle Abbildungen, welche die Erde als Scheibe zeigten, konnten fortan nur noch als Wandschmuck benutzt werden. Ihren praktischen Wert hatten sie verloren.

Die Tabelle zeigt am Beispiel des Verkaufs und der Kundenorientierung, wie Unternehmen mit Geschwindigkeit und Komplexität unterschiedlich umgehen. Es gibt die traditionellen Firmen (Fitnesszone I), fortschrittliche Unternehmen (Fitnesszone II) und Firmen von Weltklasse (Fitnesszone III).

In welcher Zone sind Sie?

Welche Paradigmen gibt es im Unternehmensalltag? Sie befinden sich in Zone I, wenn folgende Beschreibung in etwa auf Sie zutrifft: Sie konzentrieren sich auf das Produkt. Hier ist der Fachmann wichtig, der weiß, was er tut. Das Ganze funktioniert mit einer »Komm«-Struktur: »Lieber Kunde, wann immer ich für dich Zeit habe, bin ich gerne für dich da.« Wäh-

Zone I	Zone II	Zone III
Kunde als »lästiges Übel« z. B. • Handwerker • Kirche • Kommunen	**Kunde ist »zufrieden«** z. B. »Mittelstand«	**Kunde ist »Fan«** z. B. • Hewlett Packard • Mettler Toledo • Porsche
»Ich komme am Mittwoch!« (Man sagt Ihnen nur nicht, an welchem.) »Kunde droht mit Auftrag«	Tägliche Frage: »Was ist das brennendste Problem meiner Zielgruppe?«	»In den Gehirnwindungen des Kunden spazieren gehen« »Volle Leistung +1«
Komm-Struktur	Geh-Struktur	Beim Kunden sein (Hase und Igel)

rend das Produkt also gut oder sogar hervorragend ist, kann die Kunden- und Mitarbeiterorientierung nur als mangelhaft bezeichnet werden. Das Problem dabei: Mit diesem Denken kann man heute nicht mehr – oder nur sehr mühsam – überleben.

Unternehmen in der Fitnesszone II dagegen haben den Kunden entdeckt. Hier lautet die oberste Regel, sich am Kunden und seinen Bedürfnissen bedingungslos auszurichten. Aus der »Komm«-Struktur wird eine »Geh«-Struktur. Der Kunde steht mit seinen Bedürfnissen im Mittelpunkt. Damit sind Sie schon gut. Sie könnten aber noch viel besser sein!

Unternehmen der Fitnesszone III haben neben dem Produkt und dem Kunden außerdem auch den Mitarbeiter im Blick. Nur der Mitarbeiter, der seinen Stärken gemäß eingesetzt wird, kann sich entfalten und seine Stärken weiter ausbauen. Unternehmen dieser Zone haben erkannt: Allein begeisterte Mitarbeiter sind in der Lage, auch ihre Kunden zu begeistern.

Was bedeutet das für Sie? Der Guru unter den Managementberatern, Peter Drucker, fragt in diesem Zusammenhang:

1. Wie ist die Wettervorhersage?
2. Wie ist der Zustand des Schiffes?

Die Wettervorhersage klingt nicht besonders gut. Die weitergehende Globalisierung verheißt orkanartige Stürme. Davon ist jedes Unternehmen betroffen – auch Ihres.

Wie ist der Zustand des Schiffes? Diese Frage ist genauso wichtig. Denn auf den Lauf der Welt haben Sie keinen Einfluss – wohl aber darauf, wie fit Ihr Unternehmen ist, um auf die kommenden Herausforderungen erfolgreich zu reagieren.

Werden Sie fit für die Zukunft!

Herzlichen Glückwunsch, dass Sie es immer wieder geschafft haben, Jahr für Jahr Ihr Schiff über Wasser zu halten. In einer rauher werdenden See ist es Ihre Verantwortung, Ihr Schiff in einen Zustand zu versetzen, der Wind und Wetter trotzt. Wir laden Sie ein: Gehen Sie mit uns auf der Treppe nach oben. Wir möchten Ihnen helfen, ein Schiff neuer Qualität zu schaffen, mit dem Sie auf die kommenden Stürme gut vorbereitet sind.

Kapitel 2

Was ganzheitliche Managementmodelle bewirken

»Wer kämpft, kann verlieren. Wer nicht kämpft,
hat schon verloren.«

Bertolt Brecht

Qualität ist das, was unterscheidet

Schon Aristoteles hat sich mit dem Thema Qualität beschäftigt. Er bezeichnete Qualität als die unterscheidende Beschaffenheit eines Gegenstandes. Im Wirtschaftssystem haben sich die Qualitätskriterien in den vergangenen Jahrzehnten verändert: Zunächst genügte erstrangige technische Qualität, um sich von seinen Mitbewerbern zu unterscheiden. Die nötigen technischen Kompetenzen ließen sich aufgrund handwerklicher und ingenieurwissenschaftlicher Erkenntnisse erlangen. Das schafften immer mehr Firmen.

Während anfangs vor allem die funktionalen Eigenschaften eines Produkts (wie beispielsweise Haltbarkeit) wichtig waren, gewannen seit Anfang der 60er Jahre andere Kriterien an Bedeutung. Denn immer mehr Firmen brachten Produkte auf den Markt, die sich technisch kaum mehr voneinander unterschieden.

Von technischen zu ästhetischen Qualitäten

Besonders auf gesättigten Märkten galt es nun, auf neue Weise einen Vorsprung gegenüber der Konkurrenz zu gewinnen. Deshalb bemühten sich viele Firmen darum, ihre Produkte z. B. mit ästhetischen Qualitäten zu versehen. Doch Unternehmen, die das geschafft haben, fragen sich inzwischen bereits, ob technisch und ästhetisch erstrangige Produkte noch ausreichen, um sich am Markt zu behaupten.

Zeit	So wurden die Normen gesetzt	So wurde die Qualität gemessen
Altertum	Ägypten, Pyramiden	Längenmessung, Proportionenbestimmung
Mittelalter	Zünfte	Normen, Meister, Gesellen
um 1900	Taylorismus, Scientific Management	Arbeitsteilung, Qualitätskontrolle
2. Weltkrieg	Shewhart u.a.	Stichprobenpläne
60er Jahre	Qualitätssicherung	Vorbeugen, Fehlerverhütung in der Produktion
70er Jahre	Integrierte Qualitätssicherung, Company Wide Quality Control, Qualitätszirkel	Verbesserungen in anderen Bereichen (Entwicklung, Verkauf)
80er Jahre	Systemnormen (ISO), Total Quality Management Awards	Qualitätsmanagement allgemeines Management
90er Jahre	Awards, Integratives Qualitätsmanagement	Top-Management-Einbindung Integration in Managementlehre

Das Thema »Qualität« ist nichts Neues – es begleitet die Menschheit seit Anbeginn der Zeit

Wie ganzheitliche Managementkonzepte funktionieren

Jährlich erscheinen Hunderte Bücher zu Themen wie Verkauf, Prozesse, Personalentwicklung, Kundenorientierung usw. Insgesamt gibt es in Deutschland knapp 100 000 Bucherscheinungen pro Jahr. Umso erstaunlicher ist es, dass es nur eine Handvoll wirklich ganzheitlicher Managementmethoden gibt.

Im unteren Teil der Abbildung auf Seite 23 oben finden sich Managementkonzepte, die einen Schwerpunkt im Unter-

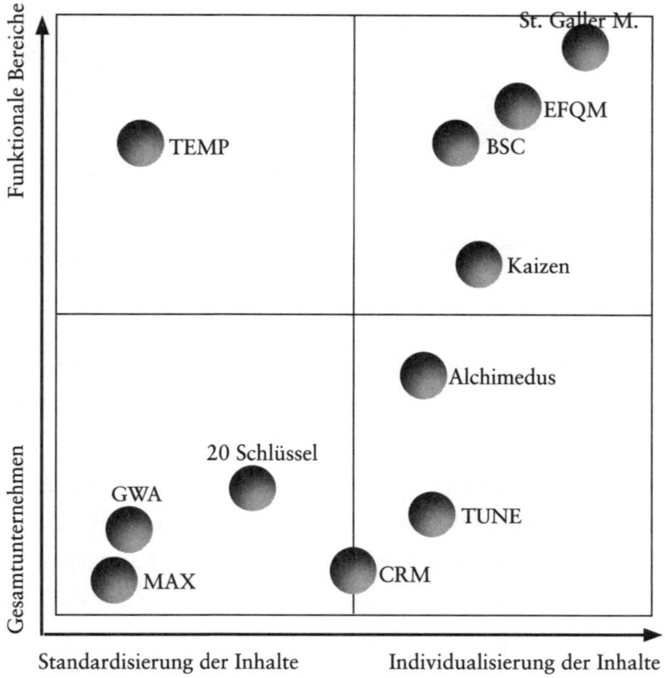

nehmen betonen. MAX (MitarbeiterAktienindeX) mit dem Schwerpunkt Personalentwicklung, »20 Schlüssel« mit dem Schwerpunkt Produktion. Im oberen Bereich befinden sich die

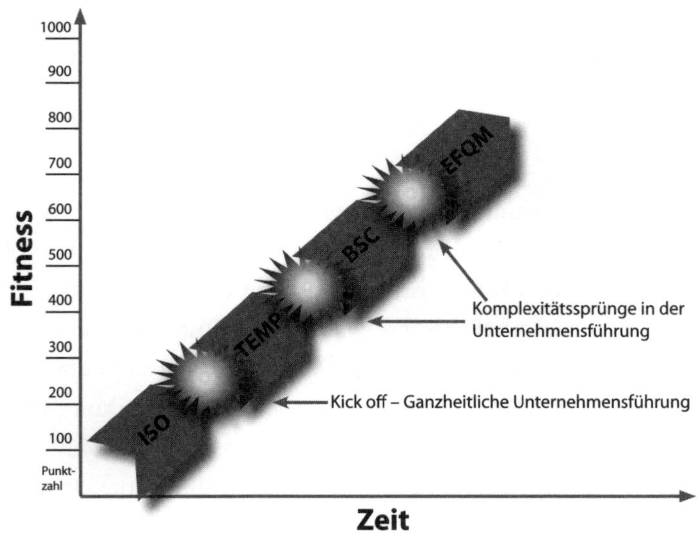

ganzheitlichen Modelle. Die bekanntesten sind: TEMP, BSC (Balanced Scorecard) und EFQM (European Foundation for Quality Management). Wie diese aufeinander aufbauen, zeigt das Bild auf Seite 23 unten.

Was die TEMP-Methode® unverwechselbar macht

In aller Regel ist die ISO-Zertifizierung der Start. Die TEMP-Methode® bietet einen Einstieg in eine weitergehende ganzheitliche Unternehmensentwicklung. Erfahrungsgemäß ist eine Firma vier bis sechs Jahre beschäftigt, um die TEMP-Bausteine abzuarbeiten. Jetzt kann das Unternehmen sehr viel besser mit Kennzahlen und komplexen Fragestellungen umgehen. Somit sind die Balanced Scorecard (BSC) und das EFQM-Modell weitere konsequente Schritte.

Die Abbildung zeigt deutlich, wie die Methoden aufeinander aufbauen. Dabei wird deutlich, dass TEMP eine Methode ist, die in kleineren und mittleren Unternehmen zu Hause ist, um dort den Prozess der ganzheitlichen Fitness voranzutreiben. Der Einsatz einer Balanced Scorecard verlangt schon eine erhebliche Fitness, während das EFQM-Modell Spitzenunternehmen vorbehalten bleibt. Lassen Sie uns die einzelnen Modelle im Folgenden kurz kommentieren.

TEMP

Die TEMP-Methode® besticht durch ihre Einfachheit. Durch das Ausfüllen von vier Tableaus erhalten Sie einen Überblick über Stärken und Schwächen und können Engpässe leicht identifizieren. Die TEMP-Methode® zeigt nicht nur den aktuellen Standort auf, sondern zeigt vor allem, wo die nächste Herausforderung im Sinne einer ganzheitlichen Unternehmensentwicklung liegt. Die TEMP-Methode® wird international eingesetzt und in Deutschland von knapp 1000 Unternehmen benutzt.

Balanced Scorecard
Dies ist eine Methode, die vor allem für Großunternehmen und große mittelständische Firmen geeignet ist. Die Balanced Scorecard ist sehr stark finanzkennzahlenorientiert, was durchaus Sinn macht, da Kapitalgeber typischerweise ein starkes Interesse an Kennzahlen haben. Die Mehrzahl der »Fortune«-Unternehmen arbeitet mit diesem Modell.

EFQM
Das Modell der European Foundation for Quality Management (EFQM) stellt Fragen auf hohem und höchsten Niveau bezüglich ganzheitlicher Unternehmensentwicklung. Das EFQM-Modell ist nicht zufällig in der Automobilzulieferbranche bestens bekannt, da dort die Ansprüche am höchsten sind. Dieses Modell erfordert in aller Regel, dass man sich einen Profi an die Seite nimmt, der einen als Lotse begleitet. Weltweit arbeiten ca. 10 000 Unternehmen mit diesem Modell.

ISO-Zertifizierung – was bringt's?

In den 80er Jahren wurde Deutschland vom Zertifizierungsbazillus erfasst. DIN EN ISO 9000 ff. (kurz: ISO) wurde zu dem Schlagwort, das die Diskussionen beherrschte. Viele Unternehmer dachten damals, dass sie mit der Zertifizierung auto-

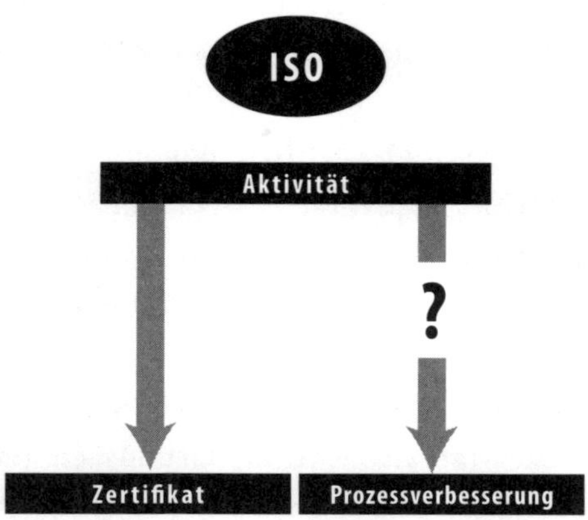

matisch zum Qualitätsunternehmen würden. Diese Erwartungen wurden oft enttäuscht. Zu viele Unternehmen verstanden die »Übung« als reine Papieraktion, um bei Kundengesprächen dank ISO-Zertifikat ein höheres Argumentationslevel zu erreichen und einen besseren Eindruck zu erwecken.

Die ISO-Zertifizierung zeigt, dass ein Unternehmen das Thema Qualität auf die Tagesordnung gesetzt hat. Die Bemühungen führen zwar im Erfolgsfall zum Zertifikat. Dass sie gleichzeitig zu einer Prozessverbesserung führen, ist damit nicht garantiert.

Was Ihnen die Zertifizierung bringen kann

Für wen ist die Zertifizierung wichtig? Wer auf der Suche nach Projekten ist, die mithelfen, den Qualitätsprozess zu systematisieren, wird bei der ISO fündig. In diesem Fall ist die normenreiche ISO 9000 ff. durchaus interessant.

Die ISO-Zertifizierung kann Folgendes bringen:

- Sie veranlasst das Unternehmen, den Schritt von der Qualitätskontrolle zum aktiven Qualitätsmanagement zu gehen.
- Sie zwingt zur sauberen Dokumentation der Arbeitsabläufe.
- Sie gibt die Chance, die bestehenden Prozesse zu optimieren bzw. sich überhaupt auf das Prozessmanagement auszurichten.

Die Zertifizierung ist nötig – als erster Schritt

Möglicherweise sagen Sie: »Diese Ergebnisse sind mir den ganzen Aufwand nicht wert.« Dann bedenken Sie bitte auch: Wenn Sie den Weg nach oben gehen wollen, kommen Sie um die ISO-Zertifizierung nicht herum. Der »Marathon« zum Ziel des Total Quality Management (TQM) hat einen Start – und der heißt nun einmal ISO-Zertifizierung.

Zertifiziert – und was dann?

Wer Unternehmensqualität ganzheitlich steigern will, kommt unweigerlich zur Frage: »Zertifiziert – und was dann?« Die Antwort ist einfach und heißt: Total Quality Management (TQM).

Viele haben die Vorstellung, dass TQM eine Art »Super-ISO-System« ist. Man versucht, die Grundsätze und Normen der Qualitätssicherung nach DIN EN ISO 9000 ff. nicht nur

	ISO	European Excellence Award (EEA/TQM)
Bewertungsprozess	Audit durch Auditoren ISO-Zertifizierungsaudit	Selbstbewertung (Assessment) durch interne Assessoren EEA Vor-Ort-Besuche bei den Anwärtern auf die Finalrunde
Gegenstand der Untersuchung	Qualitätsmanagement-Handbuch • Verfahrensanweisungen • Arbeitsanweisungen	EEA-Bewertungsunterlagen • Befähiger • Ergebnisse
Kriterien	Norm mit ihren 20 Elementen	EFQM mit 9 Kriterien und 32 Unterkriterien
Erforderliche Vorbereitungszeit	8 bis 12 Monate	> 4 Jahre
Inspektionspersonal	2 bis 3 Auditoren der örtlichen Zertifizierungsgesellschaft	5 bis 8 multinationale Assessoren unterschiedlicher Branchen
Dauer des Audits	3 Tage	3 Tage
Anzahl der Interviews	ca. 40 nach vorgegebenem Auditplan	ca. 100 beliebig ausgewählt (inkl. Top-Manager)
Schwerpunkt der Interviews	Übereinstimmung mit den Qualitätsdokumenten	Bewusstsein (TQM), Deployment, Ständige Verbesserung
Kosten für das Unternehmen	15 000 Euro für Zertifizierung	4 000 Euro für Assessorenspesen; Bewertung kostenlos

Vergleich von ISO-Zertifizierungsaudit und EEA Vor-Ort-Besuch

auf die Produkte und Serviceleistungen der Firma anzuwenden, sondern auf alle Tätigkeiten und Abläufe im Unternehmen. Dabei wird aber übersehen, dass die ISO-Norm die Qualitätssicherung zum Ziel hat. Ziel der Zertifizierung ist es, eine möglichst exakte und umfassende Fixierung aller Abläufe zu erreichen. Diese soll Variationen vermeiden und Fehler ausschließen. In letzter Konsequenz geht es um eine weitergehende Automatisierung, das heißt um den Ersatz des »unzuverlässigen« Menschen durch eine Maschine oder ein System – mindestens jedoch um seine Kontrolle durch ein solches System.

Das alles ist zuerst einmal nichts Schlechtes, zumal sich nun plötzlich eine ganz neue Welt auftut. Die Mitarbeiter erhalten durch die weitergehende Automatisierung neue Freiräume. Nun sollen sie ihre ganze Fähigkeit, ihre Kreativität und Flexibilität einbringen.

TQM hat etwas zu tun mit »Empowerment« auf allen Stufen. So wird ein dauernder Verbesserungsprozess sichergestellt, der zur Erreichung von Zielen unumgänglich ist.

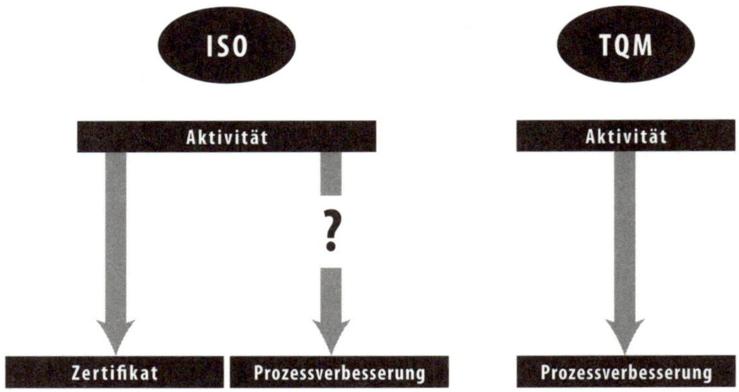

Unternehmensqualität ist mehr als Prozessqualität

Zusammenfassend – wenn auch etwas vereinfacht – lässt sich feststellen:

- ISO klärt die Prozessqualität. Das ist es aber dann auch. Wörter wie »Kunde« oder »Markt« werden Sie dort vergeblich suchen.
- TQM arbeitet an der Unternehmensqualität. Hier ist von den zentralen Dingen wie Kundenorientierung, Empowerment, Flexibilität usw. die Rede.

TQM führt weiter als die ISO-Zertifizierung

Ein erfolgreich nach DIN EN ISO 9000 ff. zertifiziertes Unternehmen ist also nicht notwendigerweise zugleich auch ein erfolgreiches Unternehmen im Sinne von TQM: Welten liegen dazwischen. Die Zertifizierung ist nur ein erster Schritt in Richtung TQM.

Besonders deutlich wird dies im Bereich der Behandlung von Prozessen:

- Bei ISO können Sie Prozesse optimieren, müssen es aber nicht.
- Bei TQM müssen Sie die Prozesse optimieren.

Eine Studie über TQM in Westeuropa bestätigt diese Aussagen:
- Nur wenige Unternehmen haben bisher einen echten TQM-Status erreicht.
- Unternehmen mit vollständig implementiertem TQM erzielen bessere Ergebnisse.
- Wesentliches Merkmal eines echten TQM-Unternehmens ist die Verantwortungsübernahme für den TQM-Prozess durch die Führung.
- Zertifizierung nach ISO ist kein Indikator für TQM-Reife.

Die Quality Awards werden entdeckt

TQM ist ein Instrument zur Steigerung der Unternehmensqualität. Klar, dass exzellente Unternehmensführung mit entsprechenden Preisen bzw. Awards honoriert wird.

Die Entwicklung der Qualitätspreise in der westlichen Welt begann in den 80er Jahren. In den USA gab es die legendäre Fernsehsendung mit dem Titel »If Japan can – why can't we?«, zu deutsch also etwa: »Wenn Japan das kann, warum können wir das nicht?«

In dieser Sendung wurden erstmals die Hintergründe dargestellt, warum japanische Unternehmen so erfolgreich den Weltmarkt erobern konnten, nachdem sie jahrelang Billigprodukte minderer Qualität auf den Markt gebracht hatten. Eine breite amerikanische Öffentlichkeit wurde mit der Tatsache konfrontiert, dass man sich in Japan neue Managementtechniken und Denkweisen vor allem auf Grundlage der Ideen des Amerikaners Dr. W. Edwards Deming (1900–1993) erarbeitet hatte.

Vor diesem Hintergrund erkannten die Amerikaner, dass sie der japanischen Qualitätsoffensive etwas entgegensetzen mussten, wenn sie ihre Industrie auf das gleiche Qualitätsniveau anheben wollten. Der japanische Deming-Preis basiert auf einem Modell, das exzellente Unternehmensführung mit maximal 1000 Punkten bewertet.

Da die Amerikaner in diesem Preis und seinen Kriterien ein wesentliches Instrument des japanischen Erfolgs sahen, gründeten sie 1988 den Malcolm Baldridge National Quality Award (MBNQA). Dieser Preis entwickelte sich daraufhin schon bald zu einem wichtigen Instrument zur Förderung der Industrie.

Ziele des Malcolm Baldridge Awards

Mit dem Malcolm Baldridge National Quality Award verbinden sich folgende Zielsetzungen:

- ständige Verbesserung auf allen Gebieten und bei sämtlichen Verfahren;
- genaue Messung von Verbesserungen;
- Kriterien, anhand derer die Unternehmensleistung gegenüber Weltklasse-Unternehmen gemessen wird;
- Partnerschaft zwischen den Lieferanten und Kunden durch ständige Rückkoppelung mit dem Ergebnis der kontinuierlichen Verbesserung;
- eine grundlegende Verpflichtung, Kundenwünsche zu erkennen und zu erfüllen;
- Verpflichtung, Fehler zu verhüten, statt sie nur zu beheben;
- Führung, die alle Ebenen einer Organisation von oben bis unten in den TQM-Prozess einbezieht.

Durch TQM zu besserer Wettbewerbsfähigkeit

Diese Zielsetzungen stimmen exakt mit der TQM-Philosophie überein. Die Absicht des Malcolm Baldridge Awards war es, durch Total Quality Management eine bessere Position der USA auf dem Weltmarkt zu erreichen.

Wie der European Excellence Award Unternehmen verändert

Ende der 80er Jahre kam das Wissen um die Erfolge des Malcolm Baldridge National Quality Awards auch nach Europa. Daraufhin wurde beschlossen, eine ähnliche Herausforderung mit dem European Excellence Award (EEA) zu schaffen. Mit diesem Preis sollen Unternehmen ausgezeichnet werden, die bei der Umsetzung von TQM Hervorragendes geleistet haben und als Vorbild andere Unternehmen anregen können. Der EEA wird von der European Foundation for Quality Management (EFQM) vergeben, die im Oktober 1989 in Montreux gegründet wurde.

Hauptaufgabe der EFQM war es von Anfang an, durch die Förderung des TQM-Gedankens die Wettbewerbsfähigkeit Europas zu sichern.

Die Großindustrie steht hinter EFQM

Die Vision der EFQM lautet: zur »führenden Institution für Total Quality Management in Westeuropa« zu werden. Hinter der Einrichtung des Europäischen Qualitätspreises standen verschiedene Spitzenunternehmen wie z. B. Bosch und VW, die es für notwendig hielten, im weltweiten Konkurrenzkampf ein eigenes Programm zur Erhöhung der europäischen Wettbewerbsfähigkeit ins Leben zu rufen. Kein einfacher Schritt – zumal die meisten Firmen in Europa glaubten, durch die Zertifizierung (ISO 9000 ff.) die Zukunft schon gesichert zu haben.

Das Modell der »European Foundation for Quality Management«

In Europa entstand in der Folge ein eigenes Modell, das u. a. zwei Anforderungen zu erfüllen hatte: Es musste einerseits dem

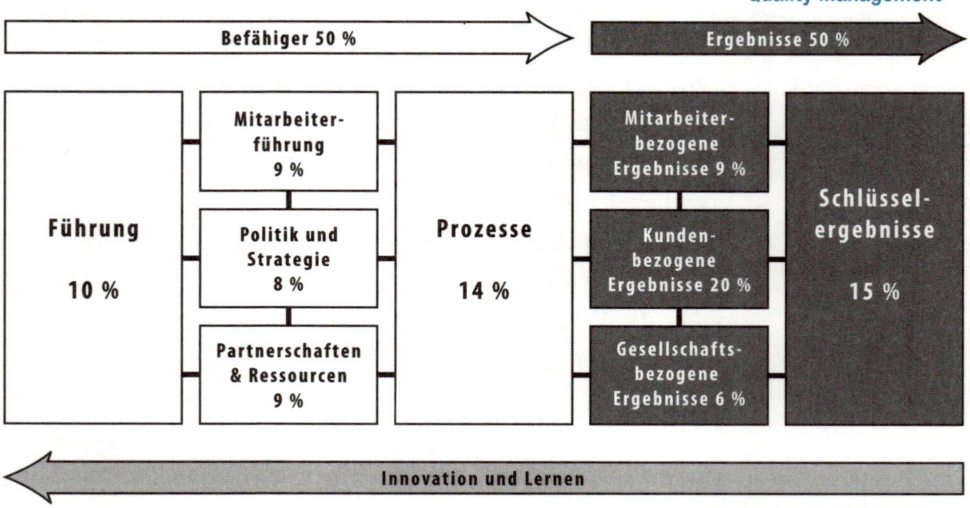

Das europäische Modell zur Qualitätsbewertung

europäischen Kulturkreis gerecht werden und andererseits im Kern mit den Awards in den USA und in Japan vergleichbar sein.

Das Grundschema des EFQM-Modells basiert auf den fundamentalen Säulen von TQM: Führung, Prozesse, Ergebnisse.

Diese drei Hauptsäulen bilden die Basis des Modells. Die jeweils dazwischenliegenden sechs waagerechten Kästen geben an, mit welchen Mitteln die Umsetzung des Modells erreicht werden soll.

Weiter ist zu erkennen, dass das Modell in zwei große Abschnitte eingeteilt ist: in sogenannte Befähiger und Ergebnisse, die jeweils die Hälfte des Gesamtmodells in der Bewertung ausmachen. Der Ausdruck »Befähiger« ist nicht auf Anhieb verständlich. Deshalb wird dieser Abschnitt auch mit »Mittel und Wege« bezeichnet. »Mittel und Wege« klingt einleuchtender, denn diese Worte bringen besser zum Ausdruck, dass es sich um Vorgehensweisen handelt.

Ergebnisse = Infos über die Vergangenheit

Es ist eine fundamentale Erkenntnis des EFQM-Modells, dass es nicht ausreicht, Ergebnisse zu managen, sondern dass es erforderlich ist, die Vorgehensweise dazu (die Befähiger) einzubeziehen. Deshalb wird auch die Hälfte der Gewichtung auf die Vorgehensweise gelegt, obwohl es natürlich Ergebnisse sind, die letztlich erreicht werden sollen. Mit den Ergebnissen wird definiert, was die Organisation erreicht hat und erreichen will. Mit den Befähigern wird definiert, wie sie dabei vorgehen will und mit welchen Mitteln und Wegen sie die Ergebnisse erarbeiten möchte.

Befähiger = Infos über die Zukunft

Die Unterscheidung in »Befähiger« und »Ergebnisse« ist wichtig. Denn Ergebnisse liefern immer nur Informationen über die Vergangenheit. Erst durch die Behandlung von Prozessen (Befähiger) erarbeitet man sich Informationen über die Zukunft.

Ein Beispiel soll dies verdeutlichen: Kein Autofahrer würde auf die Idee kommen, ein Auto nur mit dem Blick in den Rückspiegel lenken zu wollen. Es gilt, nach vorne zu sehen. Nur durch den Rückspiegel steuern aber die Unternehmen, die ihre

Der Blick nach vorne ist nicht durch den Blick in den Rückspiegel zu ersetzen

Geschäfte allein an den Ergebnissen orientieren. Erst durch den Blick auf die »Befähiger«, durch die Windschutzscheibe nach vorne, kann erkannt werden, was das Unternehmen in Zukunft aufgrund der bisherigen und beabsichtigten Verhaltensweise erwarten wird.

Die Kriterien des EFQM-Modells werden gewichtet. Die jeweilige Bedeutung ist an den Prozentzahlen abzulesen – sie ergeben zusammen 100 Prozent (vgl. Abbildung Seite 31). Die Zahlen zeigen somit den Anteil des einzelnen Kriteriums am Gesamterfolg.

Der EEA baut auf internationalen Erfahrungen auf

Da bei der Schaffung des EEA die beiden anderen Preise (Deming und Baldridge) bereits vorlagen, konnte der EEA darauf aufbauen und somit zur fortschrittlichsten der drei Auszeichnungen entwickelt werden. Seit seiner erstmaligen Verleihung 1992 erfährt der EEA eine zunehmende Akzeptanz und Verbreitung in Europa.

EEA für kleine und mittelständische Unternehmen (KMUs)

Der Preis wurde immer wieder um neue Kategorien erweitert. 1997 wurde er erweitert um den »European Quality Award for Small and Medium sized Enterprises«, also um einen Preis für kleine und mittelständische Firmen (KMUs). Um korrekt zu sein: Es handelt sich um Firmen mit maximal 250 Mitarbeitern.

Zu den Gründern der European Foundation for Quality Management (EFQM) zählen Unternehmen aus Deutsch-

1999

- Yellow Pages, United Kingdom (Award Winner, Category for Large Businesses and Business Units)
- Volvo Cars Gent, Belgium (Award Winner, Category for Operational Units)
- DiEU, Denmark (Award Winner, Category for Independent SME
- Servitique Network Services, France (Award Winner, Category for Subsidiary SME)

2000

- Nokia Mobile Phones, Europe and Africa Finland (Award Winner, Category for Large Businesses and Business Units)
- Inland Revenue, Accounts Office Cumbernauld, United Kingdom (Award Winner, Category for Public Sector)
- Burton-Apta Refractory Manufacturing Ltd, Hungary (Award Winner, Category for Subsidiary SME)

2001

- St Mary's College Northern Ireland, United Kingdom (Award Winner, Category for Public Sector)
- Zahnarztpraxis, Switzerland (Award Winner, Category for Subsidiary SME)

2002

- Springfarm Architectural Mouldings Ltd, United Kingdom (Award Winner, Category for Independent SME)

2003

- Bosch Sanayi ve Ticaret AS, Turkey (Award Winner, Category for Large Businesses and Business Units)
- Runshaw College, United Kingdom (Award Winner, Category for Public Sector)
- Maxi Coco-Mat SA, Greece (Award Winner, Category for Independent SME)
- Edinburgh International Conference Centre, United Kingdom (Award Winner, Category for Subsidiary SME)

2004

- YELL, United Kingdom (Award Winner, Category for Large Businesses and Business Units)
- Kocaeli Chamber of Industry, Turkey (Award Winner, Category for Public Sector)

2005

- TNT Express Information and Communication Services, United Kingdom (Award Winner, Category for Operational Units)
- FirstPlus Financial Group Plc, United Kingdom (Award Winner, Category for Subsidiary SME)

Die Tabelle zeigt die Gewinnerfirmen des EFQM Excellence Awards

land wie die Robert Bosch GmbH oder die Volkswagen AG. Aus der Schweiz sind es die CIBA-Geigy AG und die Gebrüder Sulzer AG. Dem Vorstand der EFQM gehören Mitglieder des Top-Managements von 20 Mitgliedsunternehmen an. Entstanden ist ein zumindest für Mittelständler relativ komplexes Modell, das zudem immer wieder aktualisiert wird.

Falls Sie sich mit Ihrem Unternehmen bewerben wollen, müssen Sie damit rechnen, dass ein Mitarbeiter mindestens ein halbes Jahr damit beschäftigt ist, die Anmeldeunterlagen zu erstellen.

Dabei können Sie aber auf Erfahrungen anderer aufbauen: Klaus Kobjoll hat sowohl den »European Quality Award« als auch den »Ludwig-Erhard-Preis« gewonnen. In seinem Buch *Abenteuer European Quality Award* beschreibt er, welche Herausforderungen es zu bestehen galt. In diesem Buch hat er auch seine Bewerbungsunterlagen veröffentlicht.

Die Fragestellungen sind zu schwierig

Natürlich kann ein mittelständisches Unternehmen einen wichtigen Mitarbeiter kaum für ein halbes Jahr entbehren. Jedoch ist die Schwierigkeit zudem noch ganz anderer Natur: Die Fragestellungen sind vor allem für das normale kleine und mittelständische Unternehmen nur schwer verständlich. Oder wie würden Sie z. B. mit folgenden Themen umgehen:

»Aus der Selbstbewertung sollte hervorgehen: (…)

- Wie Führungskräfte den Verbesserungsprozess und die Mitwirkung daran fördern, indem sie geeignete Ressourcen zur Verfügung stellen und Unterstützung gewähren (…)
- Wie Politik und Strategie auf relevanten und umfassenden Informationen beruhen (…)
- Wie die Organisation ihre Informationsressourcen handhabt (…)

- Zusätzliche Messgrößen, welche sich auf die Zufriedenheit der Gesellschaft mit der Organisation beziehen.«
  (Zitate aus dem EFQM-Assessor-Handbuch)

Nur wenige nehmen teil

Wie komplex und schwierig die Fragen sind, zeigt sich daran, dass Tausende Unterlagen angefordert werden, aber nur relativ wenig Firmen teilnehmen: Beim europäischen Wettbewerb EEA sind 1999 ganze 73 Bewerbungen eingegangen.

Das EFQM-Modell mag ein gutes Instrument sein – die klügsten Köpfe haben es geschaffen. Es ist weltweit anerkannt und funktioniert in allen Ländern. Problematisch ist nur, dass so gut wie alle kleinen und mittelständischen Unternehmer mit dem Modell weit überfordert sind. Die wichtigsten Hindernisse lassen sich in vier Punkten zusammenfassen:

Warum nur wenige teilnehmen

1. Für KMUs ist es kaum denkbar, einen wichtigen und exzellenten Mitarbeiter für ein halbes Jahr freizustellen, damit dieser die Bewerbungsunterlagen schreibt.
2. Das EFQM-Modell funktioniert wie ein Messgerät, das ihm eine genaue Punktzahl liefert. Der Unternehmer sucht aber vielmehr jemand, der ihn an die Hand nimmt und ihm die nächsten Schritte zeigt.
3. Die Fragen führen den Unternehmer in eine neue, noch größere Komplexität. Sein Ziel jedoch ist, Komplexität zu reduzieren.
4. Die eingereichten Daten müssen über einen Zeitraum von drei Jahren regelmäßig erfasst worden sein.

Der Ludwig-Erhard-Preis ehrt Bestleistungen in Deutschland

Die zunehmende Akzeptanz des European Excellence Awards hat schließlich auch zu einem deutschen Qualitätspreis geführt, dem so genannten Ludwig-Erhard-Preis. Damit sollen Spitzenleistungen im Wettbewerb der deutschen Wirtschaft geehrt werden.

Der Ludwig-Erhard-Preis ist eine Initiative der Deutschen Gesellschaft für Qualität (DGQ) und des Vereins Deutscher Ingenieure (VDI). Er wurde zusammen mit Spitzenverbänden der deutschen Wirtschaft sowie der Ludwig-Erhard-Stiftung entwickelt.

Bis Ende Februar eines Jahres muss die Erklärung der Bewerbungsabsicht erfolgt sein. Bis zum 30. Juni eines Jahres müssen die Bewerbungsunterlagen eingesandt sein. Im September eines Jahres erfolgen dann die Besuche durch Assessoren bei den Bewerbern, die sich dafür qualifiziert haben. Die Verleihung des Ludwig-Erhard-Preises erfolgt dann im November.

Die Bewerbung ist sehr aufwendig

Was auf dem Papier sehr einfach aussieht, ist in Wirklichkeit eine sehr aufwendige Sache. Auch hier fordern jeweils einige tausend Interessenten die Bewerbungsunterlagen an, aber tatsächlich nehmen nur sehr wenige teil.

Die TEMP-Methode® hilft weiter

Unternehmerische Gesundheit ist messbar. Mithilfe der Quality Awards kann ein Unternehmen genau herausfinden, bei wie viel Punkten es steht. Die Zahlen der meisten deutschen Unternehmen bewegen sich zwischen 50 und 150 Punkten. Der EFQM-Wettbewerb beispielsweise wird aber erst ab etwa 400 Punkten richtig interessant und spannend.

50 Punkte können pro Jahr verbessert werden

Hat ein Unternehmen am EFQM-Wettbewerb teilgenommen, kann es fundierte Unterlagen vorweisen und darauf weitere Verbesserungen aufbauen. Dabei sollte der Bewerber wissen, dass er 50 Punkte pro Jahr besser werden kann. 1000 Punkte bedeuten in diesem Modell die totale Fitness.

Allerdings sind Unternehmen wie Zehnkämpfer. Ein Zehnkämpfer wird nie zum Weltmeister im Kugelstoßen oder beim 100-Meter-Lauf werden. Wie ein Zehnkämpfer müssen auch

Das 1 000-Punkte-Modell

Sie als Unternehmer in vielen Disziplinen zugleich topfit sein. Deswegen gibt es keine Firma auf der Welt, die 1 000 Punkte erreicht. Die besten aller Firmen kommen auf maximal 800 Punkte.

Die Treppe zeigt, dass gute von schlechten Firmen Lichtjahre entfernt sind. Etwa 90 Prozent aller deutschen Firmen befinden sich auf den Stufen 1 und 2 der Treppe.

Die wichtigste Frage jedoch bleibt offen: Wer begleitet die Unternehmen auf dem Weg, für EFQM fit zu werden?

Die TEMP-Methode® bietet sich hier als Lösung an. Das Anwenden der TEMP-Methode® kann Sie bis auf 400 Punkte bringen und so die Lücke zwischen Stufe 2 und Stufe 4 schließen. Im nächsten Kapitel erfahren Sie, warum wir die Methode entwickelt haben und wie sie funktioniert.

Kapitel 3

Lernen Sie die TEMP-Methode® kennen

»Es geht einfach. Oder es geht einfach nicht.«
Anonymus

Als tempus 1997 durch den Bundeswirtschaftsminister der »Best Factory Award« für das bestgeführte kleine Unternehmen verliehen wurde, war dies ein Höhepunkt auf einem langen Weg der Entwicklung innerhalb der Knoblauch Unternehmensgruppe.

Mit der TEMP-Methode® zur Erfolgsgeschichte

Von den Besten lernen

Seit jeher waren unsere Führungskräfte auf der Suche nach geeigneten Instrumenten zur kontinuierlichen Unternehmensentwicklung. Verschiedenste Ansätze wurden überprüft. Gemeinsam las die Führungsmannschaft Bücher von Tom Peters wie z. B. den 1982 erschienenen Klassiker *Auf der Suche nach Spitzenleistungen*, der bis heute nichts von seiner Aktualität eingebüßt hat. Die Mitarbeiter haben sich auch mit dem *1-Minuten-Lob* von Ken Blanchard beschäftigt und mit anderen aktuellen Managementbüchern. Dabei haben wir versucht, das Gelernte möglichst schnell in die Tat umzusetzen. Textauszüge wurden angefertigt, To do's verteilt.

Erster Schritt: Der Kunde stand im Mittelpunkt

Die Firma ist gewachsen, indem wir die Kunden verwöhnt haben. Wir haben unseren Kunden sozusagen jeden Wunsch von den Augen abgelesen. Im Kopf hatten wir stets den Gedanken: »Lieber Kunde, was ist dein größtes Problem? Wir werden es lösen!«

Den Mitarbeitern aber ging es schlecht

So sehr wir uns um die Kundenbedürfnisse gekümmert haben, so wenig hatten wir die Bedürfnisse unserer Mitarbeiter im Blick. Wir galten als gnadenlos, forderten ständig schnelleres Arbeiten und möglichst wenig Krankheit.

Eines Tages hörten wir, wie sich ein Mitarbeiter mit einem Außenstehenden unterhielt. Das Gespräch ging in etwa wie folgt: »Das ist doch die Firma, wo man immer nur sagt: ›Reiß dich zusammen, mach schneller, du bist ein Kostenfaktor!‹ Wie kannst du nur in dieser Firma arbeiten?« Das machte uns sehr betroffen, zumal wir versuchten, das Unternehmen auf der Basis christlicher Ethik zu gestalten.

Zweiter Schritt: Was unsere Mitarbeiter wünschten

Dieses Erlebnis öffnete uns die Augen: Nicht nur unsere Kunden haben Bedürfnisse, sondern auch unsere Mitarbeiter. Wir haben uns dann bei unseren Mitarbeitern entschuldigt und ihnen eine Liste mit verschiedenen Angeboten vorgelegt. Auf dieser Liste fragten wir die Mitarbeiter nach ihren Wünschen: Hätten sie gerne flexiblere Arbeitszeiten? Oder bessere Möglichkeiten zur Weiterbildung? Vielleicht eine Eintrittskarte in den Fitnessclub? Als wir die Antworten ausgewertet hatten, waren die wichtigsten Wünsche:

1. Wenn die Firma Geld verdient, wollen die Mitarbeiter daran partizipieren. Das hatten wir befürchtet.
2. Unsere Mitarbeiter wollten mehr Informationen, mehr Kommunikation und mehr Anerkennung.

Die zweite Antwort hat uns verwundert aber auch erfreut. Wir dachten: »Das kostet nichts, damit beginnen wir sofort.« Dass Information und Kommunikation jede Menge kostet, ist uns erst später klar geworden. Monatliche Informationsveranstaltungen, ein aktuelles Aushangwesen usw. müssen vorbereitet sowie durchgeführt werden und sind natürlich nicht zum Nulltarif zu haben.

Suche nach einem ganzheitlichen Konzept

Diese Schritte waren der Einstieg in ein ganzheitliches Konzept der Unternehmensführung. In den folgenden Jahren wurden verschiedenste Ansätze getestet wie z. B. Prozessoptimierungen, Zielvereinbarungsprozesse, Kundenzufriedenheitsmessungen,

Konzepte zur Steigerung der Produktions- und Serviceinnovation, japanische Methoden wie Kanban, Kaizen usw.

So gut allerdings jedes Instrument für sich war: Die Ordnung fehlte. Es kam zwar zu punktuellen Verbesserungen – aber wir hatten keine »Landkarte«, die uns gezeigt hätte, wo wir stehen, und die uns klargemacht hätte, welche konkreten Maßnahmen das Unternehmen tatsächlich voranbringen. Das Modell, das wir suchten, musste drei wichtige Kriterien erfüllen:

1. Einfach (Denn Führungskräfte haben keine Zeit für Zusammenhänge, die zu kompliziert sind.)
2. Ganzheitlich (Das Unternehmen ist wie ein Organismus. Nur wenn alle Organe gesund sind, ist das Ganze gesund.)
3. Praxiserprobt und konkret umsetzbar (Die Methode muss für kleine und mittelständische Firmen anwendbar sein.)

Die TEMP-Methode® als Antwort

Trotz eifriger Suche fanden wir keine Methode, die diesen Ansprüchen gerecht wurde. Mit den gängigen Modellen war eine neue Ebene unternehmerischer Fitness nicht zu erlangen. Daher entwickelten wir die TEMP-Methode®. Ihre Anwendung in unserem Hause krempelte alles um. In allen wichtigen Bereichen wurden wir so gut, dass wir schließlich 1997 den »Best Factory Award« gewannen. Inzwischen setzen wir die TEMP-Methode® ein, um auch andere Unternehmen auf dem Weg zum Erfolg zu beraten.

Die TEMP-Methode® funktioniert wie eine Landkarte

Die vier Erfolgsfaktoren der TEMP-Methode®

Die TEMP-Methode® arbeitet mit den vier Erfolgsfaktoren, die für eine ganzheitliche Unternehmensentwicklung entscheidend sind.

Die TEMP-Methode® leistet dabei zweierlei:

1. Sie dient als grundlegendes Analyseinstrument und zeigt die Stärken und Schwächen Ihres Unternehmens auf.
2. Sie zeigt, wie Sie die Schwächen überwinden können.

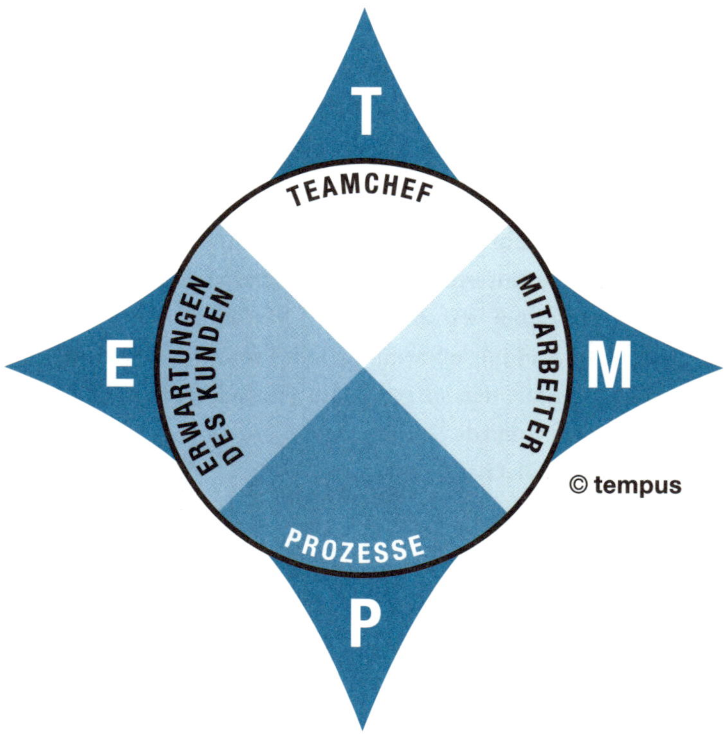

Die vier Faktoren, die für unternehmerischen Erfolg entscheidend sind

Die vier Erfolgsfaktoren »Teamchef«, »Erwartungen des Kunden«, »Mitarbeiter« und »Prozesse« umfassen alle wichtigen Punkte, die den Erfolg eines Unternehmens bestimmen.

Erfolgsfaktor I: Teamchef

Kleinen und mittelständischen Unternehmen stehen zumeist eine oder mehrere Unternehmerpersönlichkeiten vor, die das Unternehmen gegründet oder aber entscheidend geprägt haben. Wie im Sport leitet der Unternehmer als »Chef« ein »Team«, das er personell zusammenstellen und führen muss. Gemeinsam mit diesem Team richtet er das Unternehmen auf langfristige Ziele aus.

Wie Sie die entscheidenden Aspekte des Führens optimieren, erklärt Ihnen die TEMP-Methode®.

Erfolgsfaktor II: Erwartungen des Kunden

Die Ausrichtung des Unternehmens auf den Kunden ist der zweite Erfolgsfaktor. Der Kunde – und nur der Kunde – bestimmt, ob das Unternehmen langfristig am Markt eine Daseinsberechtigung hat oder nicht. Deshalb muss alles getan werden, um den Kunden zufriedenzustellen, oder noch besser, um ihn zu einem »Fan« des Unternehmens zu machen.

Die TEMP-Methode® wird Ihnen dabei helfen, den Kunden immer wieder aufs Neue zu verblüffen und auf diese Weise langfristig an Sie zu binden.

Erfolgsfaktor III: Mitarbeiter

Um die ständig wachsenden Wünsche der Kunden befriedigen zu können, brauchen Sie engagierte Mitarbeiter, die hochqualifiziert und flexibel auf diese Wünsche eingehen können. Neben den (externen) Kunden sind die Mitarbeiter Ihre internen Kunden, die eigene Bedürfnisse haben.

Wenn Sie die TEMP-Methode® konsequent anwenden, werden Sie bald hochmotivierte Mitarbeiter haben, die selbstständig zum Erfolg des Unternehmens beitragen.

Erfolgsfaktor IV: Prozesse

Bis an den Kunden geliefert werden kann, durchläuft jedes Produkt und jede Dienstleistung bestimmte Herstellungsprozesse. Diese Prozesse müssen möglichst fehlerfrei, kostengünstig und ohne Verzögerungen ablaufen. Ob Deckungsbeiträge erwirtschaftet werden oder nicht, ist entscheidend von der Qualität der Prozesse abhängig.

Sie können die Prozesse verbessern, dadurch Kosten senken und die Produktivität Ihres Unternehmens erhöhen – wenn Sie die TEMP-Methode® einsetzen.

Die Handlungsfelder der TEMP-Methode®

Jeder der vier Bausteine stellt einen der zentralen Erfolgsfaktoren eines kleinen und mittelständischen Unternehmens dar. Um Hinweise auf konkretes Handeln zu bekommen, wurden die einzelnen Erfolgsfaktoren weiter in jeweils sieben Handlungsfelder untergliedert (siehe Abbildung rechts).

Diese Handlungsfelder stellen konkrete Aktionsbereiche dar, in denen Sie Ihr Unternehmen Schritt für Schritt entwickeln müssen.

Die TEMP-Methode® schafft Klarheit

Die Handlungsfelder helfen Ihnen zu entscheiden, auf welche Aspekte – beispielsweise in der Kundenorientierung – Sie sich konzentrieren müssen. Dies führt zu konzeptioneller Klarheit im Unternehmensalltag und verringert die Gefahr, wertvolle Kraft auf »Nebenschauplätzen« zu verlieren.

Drei Zonen unternehmerischer Fitness

Die einzelnen Handlungsfelder der TEMP-Methode® zeigen notwendige Bereiche des Handelns auf, geben aber noch nicht zu erkennen, was hervorragendes, durchschnittliches oder schlechtes Agieren im jeweiligen Handlungsfeld bedeutet. Zur Bewertung der Handlungsfelder verwendet die TEMP-Methode® den Ansatz der »Drei Zonen unternehmerischer Fitness« (siehe Kapitel 1).

Je nachdem, wie gut Ihr Unternehmen mit den beiden Komponenten »Geschwindigkeit« und »Komplexität« umgehen kann, gehört es zur Zone I, II oder III:

- Zone I: Bewältigung von geringer Geschwindigkeit und Komplexität
- Zone II: Bewältigung von mittlerer Geschwindigkeit und Komplexität

Erfolgsfaktor I	Teamchef
Handlungsfeld 1	Unternehmerpersönlichkeit entwickeln
Handlungsfeld 2	Unternehmensleitbild festlegen
Handlungsfeld 3	Strategisch planen
Handlungsfeld 4	Mitarbeiter auswählen
Handlungsfeld 5	Erfolg vereinbaren
Handlungsfeld 6	Profitabel wirtschaften
Handlungsfeld 7	Außendarstellung gestalten

Erfolgsfaktor II	Erwartungen des Kunden
Handlungsfeld 1	Kernkompetenzen entwickeln
Handlungsfeld 2	Zielgruppe fokussieren
Handlungsfeld 3	Servicequalität steigern
Handlungsfeld 4	Innovationsfähigkeit ausbauen
Handlungsfeld 5	Verkauf stärken
Handlungsfeld 6	Kundenzufriedenheit messen
Handlungsfeld 7	Kundenbeziehungen pflegen

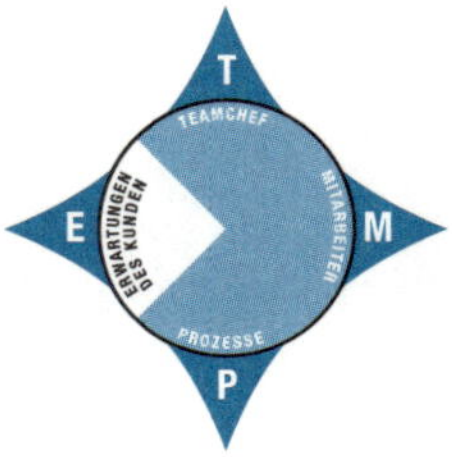

Erfolgsfaktor III	Mitarbeiter
Handlungsfeld 1	Offen kommunizieren
Handlungsfeld 2	Mitdenker gewinnen
Handlungsfeld 3	Weiterbildung fördern
Handlungsfeld 4	Verantwortung übertragen
Handlungsfeld 5	Vertretungsfähigkeit garantieren
Handlungsfeld 6	Mitgenießen und Mitbesitzen
Handlungsfeld 7	Mitarbeiter wertschätzen

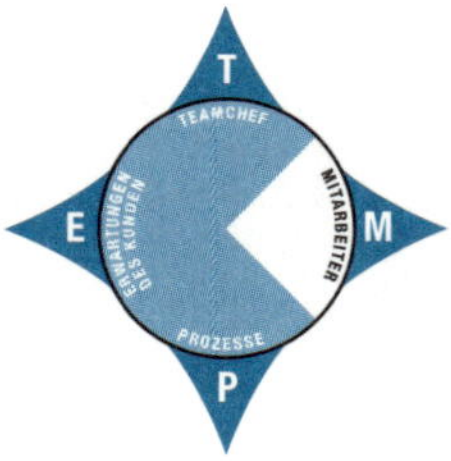

Erfolgsfaktor IV	Prozesse
Handlungsfeld 1	Ordnung halten
Handlungsfeld 2	Qualität verbessern
Handlungsfeld 3	Termintreue steigern
Handlungsfeld 4	Abläufe optimieren
Handlungsfeld 5	Bestände reduzieren
Handlungsfeld 6	Arbeitseffizienz messen
Handlungsfeld 7	Netzwerkbeziehungen entwickeln © tempus

Jeder der vier Erfolgsfaktoren hat sieben Handlungsfelder

– Zone III: Bewältigung von höchster Geschwindigkeit und Komplexität

Eine genaue Bewertung wird möglich

Die Einteilung in nur drei Zonen ist noch sehr grob. Um eine genauere Beurteilung durchführen zu können, wurde jede der drei Zonen nochmals unterteilt. Wie beim Schulnotensystem können jetzt die Noten 1 bis 6 für die Fitness eines Unternehmens vergeben werden.

Die vorangegangenen Komponenten der TEMP-Methode® werden zu einem Unternehmenstest zusammengefasst. Dieser Test enthält zu jedem der vier Erfolgsfaktoren die sieben Handlungsfelder, die jeweils in die drei Zonen unternehmerischer Fitness unterteilt sind.

Der Unternehmenstest als »Landkarte«

Der Unternehmenstest erfüllt darüber hinaus die Forderung nach der übersichtlichen »Landkarte« für unternehmerisches Handeln.

Mit der TEMP-Methode® sind Sie nun in der Lage, Ihr Unternehmen selbst zu bewerten und darauf aufbauend Maßnahmen zur Weiterentwicklung zu bestimmen.

Kapitel 4

Der Unternehmenstest

»TEMP ist eine Methode, mit der man kleine, mittelständische Firmen sehr gut bewerten und steuern kann.«

Jörg Buchgeister, ATB GmbH

»Die vier Säulen der TEMP-Methode haben mich überzeugt. Mit der TEMP-Methode haben wir einen Stein ins Rollen gebracht.«

Claudia Weber, Gesellschafterin,
Erich Deinzer Stahl- und Metallverarbeitung GmbH

TEMP® ist eine ganzheitliche Methode zur erfolgreichen Führung von kleinen und mittelständischen Unternehmen. Kern der TEMP-Methode® ist ein Unternehmenstest. Mit diesem Test können Sie Ihre unternehmerische Fitness ermitteln und entsprechende Verbesserungen ableiten.

So wenden Sie die Methode an

Auf den folgenden Seiten werden Sie Ihr eigenes Unternehmen bewerten. Der Unternehmenstest besteht aus vier Bausteinen:

1. Unternehmenstest T (Teamchef, S. 52)
2. Unternehmenstest E (Erwartungen des Kunden, S. 86)
3. Unternehmenstest M (Mitarbeiter, S. 120)
4. Unternehmenstest P (Prozesse, S. 154)

Gehen Sie nun folgendermaßen vor:

1. Blättern Sie vor zur Seite 49. Dort finden Sie den ersten Erfolgsfaktor: Teamchef.
2. Lesen Sie sich das erste Handlungsfeld durch und geben Sie sich eine Note: Kreuzen Sie das Kästchen an, das für Ihre Situation am besten zutrifft.
3. Wenn Sie wissen möchten, wie Sie sich innerhalb des Handlungsfeldes um eine Note verbessern können, dann lesen Sie auf der entsprechenden Seite hinter dem Unternehmenstest weiter. Dort erhalten Sie die Tipps, die Sie voranbringen.

4. Verfahren Sie genauso mit den anderen Handlungsfeldern des Erfolgsfaktors Teamchef und den Handlungsfeldern der drei verbleibenden Erfolgsfaktoren Erwartungen des Kunden, Mitarbeiter und Prozesse.
5. Wenn Sie mit dem Ankreuzen fertig sind, lesen Sie bitte in Kapitel 6 (ab Seite 199) weiter.

Füllen Sie den Unternehmenstest so aus wie in diesem Beispiel

Datum:	Note 6	Note 5	Note 4	Note 3	Note 2	Note 1
Handlungsfeld 1 **Unternehmerpersönlichkeit entwickeln**	Gefühl der persönlichen Überforderung. Die Zuneigung von Ehepartner und Kindern ist verloren gegangen. ☐	Vieles gelingt, und trotzdem bleibt vieles unerledigt nach dem Motto »keine Zeit«. ☒	Die Rolle im Unternehmen und Privatleben ist geklärt. Sie können Fragen beantworten wie: »Wer bin ich heute?«, »Was kann ich?«, »Wohin will ich?«. ☐	Die meisten Lebensbereiche sind in guter Balance. Zur Berufung als Führungskraft haben Sie ein klares Ja. ☐	Ihre persönlichen Lebensziele und das Lebensmotto sind geklärt und existieren schriftlich. ☐	Für jeden Lebensbereich existieren Planungen, die aktiv umgesetzt werden. ☐
Handlungsfeld 2 **Unternehmensleitbild festlegen**	Über Aspekte wie Zielfoto, Mission/Vision und Unternehmensleitbild wurde nie nachgedacht. Das operative Geschäft dominiert. ☒	Wichtige zukünftige Entwicklungen werden ungefiltert ins Tagesgeschäft einbezogen. ☐	Es existiert ein vages Bild von der Zukunft des Unternehmens. Themen wie Werteorientierung und Verhaltensspielregeln werden diskutiert. ☐	Eine schriftliche Fixierung des Unternehmensleitbildes liegt vor. ☐	Das Unternehmensleitbild wird in der Praxis durchgehend gelebt. ☐	Eine dynamische, werteorientierte Organisation entsteht. ☐
Handlungsfeld 3 **Strategisch planen**	Das Tagesgeschäft dominiert. Es gibt keine Zeit, um **am** System zu arbeiten, sondern nur **im** System. ☐	Kurzfristiges Handeln überdeckt langfristige Ansätze. Dringendes dominiert Wichtiges. Statt konkreter Ziele gibt es nur gut gemeinte Absichten. ☐	Zielauswahl führt zu Prioritäten und damit zu strategischem Denken. ☒	Eine mittelfristige Unternehmensplanung (zwei bis drei Jahre) existiert. ☐	Eine langfristige Unternehmensplanung (über fünf Jahre hinaus) existiert. ☐	Die Unternehmensstrategie wird den laufenden Änderungen angepasst: Repositionierung des Unternehmens. ☐
Handlungsfeld 4 **Mitarbeiter auswählen**	Es wird genommen, was zur Verfügung steht. Wer zuerst kommt, wird eingestellt. ☐	Die Bewerberauswahl erfolgt nach ungeeigneten Kriterien (z. B. Gehalt). Das Anforderungsprofil ist ungeklärt. ☒	Die Bewerberauswahl erfolgt nach Aufgabenbeschreibung und Anforderungsprofil. ☐	Sowohl Bewerberauswahl als auch der Einsatz von Instrumenten (wie Assessmentcenter) und Beratern erfolgen sorgfältig. ☐	Nicht die besten Bewerber werden genommen, sondern die Besten der Branche aktiv gesucht. ☐	Nicht der Beste, sondern der Richtige wird eingestellt. Person und Aufgabe werden sorgfältig zusammengefügt. ☐
Handlungsfeld 5 **Erfolg vereinbaren**	Das Unternehmen funktioniert nach Befehl und Gehorsam. ☐	Es gibt sporadische Treffen im Führungskreis. ☒	Strategietage mit den Führungskräften finden regelmäßig statt. Die Kräfte werden zum Beispiel durch ein Jahresmotto gebündelt. ☐	Es gibt individuelle Zielvereinbarungen mit den Führungskräften durch Quartalsgespräche. ☐	Alle Mitarbeiter sind in den Prozess der Zielfindung und -realisierung eingebunden. ☐	Das Gehalt ist an das Erreichen der Ziele gekoppelt. Die Mitarbeiter tragen auf diese Weise das Unternehmensrisiko mit. ☐
Handlungsfeld 6 **Profitabel wirtschaften**	Kontostände und jährliche Bilanzen stellen die Grundlage für anstehende Entscheidungen dar. ☒	Es wird erkannt, dass außer dem Umsatz noch andere wichtige Kenngrößen existieren. Monats- und Quartalsbilanzen werden erstellt. ☐	Es gibt regelmäßige Plan-Ist-Vergleiche (monatlich oder quartalsweise). Die vom Controlling gelieferten Zahlen werden aber nur vereinzelt genutzt. ☐	Maßnahmen aus dem Plan-Ist-Vergleich werden umgesetzt. Die Wirksamkeit der Maßnahmen liegt bei 75 Prozent. ☐	Der Plan-Ist-Vergleich ergibt eine Übereinstimmung von mehr als 95 Prozent. ☐	Die entscheidenden Kennzahlen liegen im Branchenvergleich unter den top zehn Prozent. ☐
Handlungsfeld 7 **Außendarstellung gestalten**	Weder Öffentlichkeitsarbeit noch ein einheitliches Erscheinungsbild nach außen sind vorhanden. ☒	Zu besonderen Anlässen wird versucht, die Öffentlichkeit zu informieren. Ein Firmenlogo existiert, wird aber immer wieder verändert. ☐	Zur sporadischen Öffentlichkeitsarbeit werden externe Profis hinzugezogen. Die Notwendigkeit eines Corporate Design ist klar geworden. ☐	Ein Jahresthemenplan für die Öffentlichkeitsarbeit liegt vor. Ein Corporate Design existiert. ☐	Es werden gezielt Anlässe geschaffen, über die die Medien berichten. Das Corporate Design ist ausdifferenziert bis hin zu Feinheiten wie Corporate Wording. ☐	Die Medienkontakte sind so entwickelt, dass die Presse auch von sich aus berichtet. Das Ansehen des Unternehmens in der Öffentlichkeit ist durchweg positiv. ☐

Service:
Alle TEMP-Tableaus finden Sie kostenlos unter www.temp-methode.de/vorlagen

Erfolgsfaktor I: Teamchef

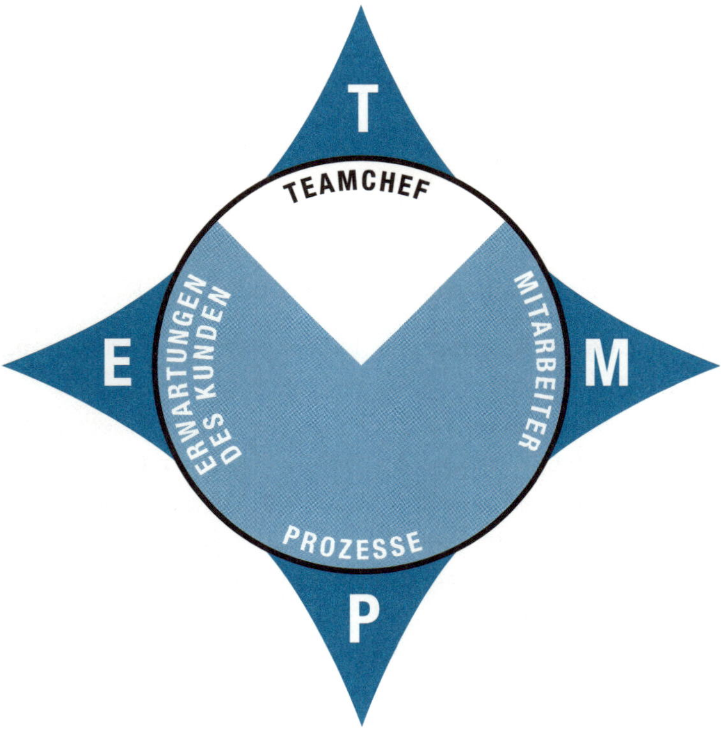

Dass das TEMP®-Modell mit dem Buchstaben »T« (Teamchef) beginnt, ist nicht zufällig. Der Unternehmer ist die prägende Persönlichkeit. Im Unternehmen ist seine Handschrift deutlich erkennbar. Was ihm wichtig ist, passiert. Beinahe könnte man sagen: Der genetische Code des Unternehmers überträgt sich auf das Unternehmen.

Die meisten Unternehmer kennen sich gut aus mit allen Fragen, die das *Management* betreffen. Was in der *Führungslehre* eine wichtige Rolle spielt, ist vielen Unternehmenslenkern dagegen kaum bekannt. *Management* darf nicht verwechselt werden mit *Führung*. Es gibt einen gravierenden Unterschied:

Managen heißt:

- Das Geschäft am Laufen halten;
- sich um Probleme kümmern;
- Kunden begeistern usw.

Führen ist mehr als Managen

Beim Managen geht es um alle Entscheidungen, die dazu beitragen, das Tagesgeschäft erfolgreich zu bewältigen.

Führen dagegen heißt:

- Überlegen, wie Sie in einigen Jahren Ihr Geld verdienen;
- Mitarbeitern Zukunftsperspektiven aufzeigen;
- Spielregeln für eine erfolgreiche Zukunft gestalten.

Vom Zugpferd zum Motivator

Die wichtigste Aufgabe von Führung ist die Vorbereitung auf die Zukunft.

In den Bewertungen auf den Folgeseiten werden Sie erkennen, dass die Note 6 (= Fitnesszone I) sehr viel mit dem Unternehmer als Zugpferd und Kontrolleur zu tun hat. Firmen mit hierarchischen Strukturen erhalten heutzutage schlechte Noten. Hierarchie bedeutet: Der Chef steht an der Spitze. Er »schießt die Tore«, er trifft die Entscheidungen, alle Mitarbeiter arbeiten ihm zu.

Kampf um die besten Mitarbeiter

Wer in die Fitnesszone III vorstoßen möchte, muss die eigene Rolle als Chef neu bestimmen. Der Chef, der unter den gegenwärtigen Bedingungen Erfolg haben will, darf sich selbst nicht mehr als Mittelpunkt begreifen. Zu seinen Aufgaben gehört es nun vielmehr, den Mitarbeitern dabei zu helfen, eine optimale Arbeit zu machen. Deshalb ist auch ein regelrechter Kampf auf dem Arbeitsmarkt nach den besten Mitarbeitern entbrannt. Eine Hauptaufgabe der neuen Chefrolle ist es, diese Mitarbeiter zu finden und für sie ein attraktives Umfeld zu schaffen, um sie zu halten.

Vom Mitarbeiter zum Mitunternehmer

Ziel ist es, die Mitarbeiter zu befähigen, selbst »Tore« zu »schießen«. Anstelle von konkurrierenden »Einzelkämpfern« arbeiten die Mitarbeiter nun in selbstständigen Teams zusammen. Kein Wunder, dass Top-Mitarbeiter lieber in Unternehmen der Fitnesszone III arbeiten – schließlich spielen sie hier eine neue, verantwortungsvolle Rolle. In Fitnesszone I sind sie nur Befehlsempfänger, in Fitnesszone III werden aus Mitarbeitern Mitunternehmer.

Der Unternehmer muss bereit sein, Verantwortung abzugeben und seine Mitarbeiter mit allen wichtigen Informationen zu versorgen. Die alte Boss-Mentalität kriegt das nicht hin.

Schritt für Schritt nach oben

Die abgebildete Treppe zeigt die Zusammenhänge im Bereich Teamchef. Zunächst muss der Unternehmer das innere Ja zum Unternehmersein haben (Unternehmerpersönlichkeit festlegen). Dann muss er entscheiden, wo er mit seinem Unternehmen hin möchte und wie die Zusammenarbeit aussehen soll (Unternehmensleitbild festlegen). Als dritter Schritt muss er den Weg zum Ziel planen (Strategisch planen). Die nächste Aufgabe besteht darin, die richtigen Mitarbeiter auszuwählen und mit diesen dann Etappenziele zu vereinbaren (Erfolg vereinbaren). Dieser Weg muss laufend begleitet und gemessen werden (Profitabel wirtschaften). Als überbetriebliche Aufgabe hat der Unternehmer dann noch die Aufgabe, die Außendarstellung zu gestalten.

Erfolgsfaktor I Teamchef

Geben Sie sich für jedes Handlungsfeld eine Note. Kreuzen Sie dazu in jeder Zeile ein Kästchen an, das Ihre Situation am besten beschreibt.

Datum:	Note 6	Note 5
Handlungsfeld 1 **Unternehmerpersönlichkeit entwickeln**	Gefühl der persönlichen Überforderung. Die Zuneigung von Ehepartner und Kindern ist verloren gegangen. ☐	Vieles gelingt, und trotzdem bleibt vieles unerledigt nach dem Motto »keine Zeit«. ☐
Handlungsfeld 2 **Unternehmensleitbild festlegen**	Über Aspekte wie Zielfoto, Mission/Vision und Unternehmensleitbild wurde nie nachgedacht. Das operative Geschäft dominiert. ☐	Wichtige zukünftige Entwicklungen werden ungefiltert ins Tagesgeschäft einbezogen. ☐
Handlungsfeld 3 **Strategisch planen**	Das Tagesgeschäft dominiert. Es gibt keine Zeit, um **am** System zu arbeiten, sondern nur **im** System. ☐	Kurzfristiges Handeln überdeckt langfristige Ansätze. Dringendes dominiert Wichtiges. Statt konkreter Ziele gibt es nur gut gemeinte Absichten. ☐
Handlungsfeld 4 **Mitarbeiter auswählen**	Es wird genommen, was zur Verfügung steht. Wer zuerst kommt, wird eingestellt. ☐	Die Bewerberauswahl erfolgt nach ungeeigneten Kriterien (z. B. Gehalt). Das Anforderungsprofil ist ungeklärt. ☐
Handlungsfeld 5 **Erfolg vereinbaren**	Das Unternehmen funktioniert nach Befehl und Gehorsam. ☐	Es gibt sporadische Treffen im Führungskreis. ☐
Handlungsfeld 6 **Profitabel wirtschaften**	Kontostände und jährliche Bilanzen stellen die Grundlage für anstehende Entscheidungen dar. ☐	Es wird erkannt, dass außer dem Umsatz noch andere wichtige Kenngrößen existieren. Monats- und Quartalsbilanzen werden erstellt. ☐
Handlungsfeld 7 **Außendarstellung gestalten**	Weder Öffentlichkeitsarbeit noch ein einheitliches Erscheinungsbild nach außen sind vorhanden. ☐	Zu besonderen Anlässen wird versucht, die Öffentlichkeit zu informieren. Ein Firmenlogo existiert, wird aber immer wieder verändert. ☐

Note 4	Note 3	Note 2	Note 1
Die Rolle im Unternehmen und Privatleben ist geklärt. Sie können Fragen beantworten wie: »Wer bin ich heute?«, »Was kann ich?«, »Wohin will ich?«. ☐	Die meisten Lebensbereiche sind in guter Balance. Zur Berufung als Führungskraft haben Sie ein klares Ja. ☐	Ihre persönlichen Lebensziele und das Lebensmotto sind geklärt und existieren schriftlich. ☐	Für jeden Lebensbereich existieren Planungen, die aktiv umgesetzt werden. ☐
Es existiert ein vages Bild von der Zukunft des Unternehmens. Themen wie Werteorientierung und Verhaltensspielregeln werden diskutiert. ☐	Eine schriftliche Fixierung des Unternehmensleitbildes liegt vor. ☐	Das Unternehmensleitbild wird in der Praxis durchgehend gelebt. ☐	Eine dynamische, werteorientierte Organisation entsteht. ☐
Zielauswahl führt zu Prioritäten und damit zu strategischem Denken. ☐	Eine mittelfristige Unternehmensplanung (zwei bis drei Jahre) existiert. ☐	Eine langfristige Unternehmensplanung (über fünf Jahre hinaus) existiert. ☐	Die Unternehmensstrategie wird den laufenden Änderungen angepasst: Repositionierung des Unternehmens. ☐
Die Bewerberauswahl erfolgt nach Aufgabenbeschreibung und Anforderungsprofil. ☐	Sowohl Bewerberauswahl als auch der Einsatz von Instrumenten (wie Assessmentcenter) und Beratern erfolgen sorgfältig. ☐	Nicht die besten Bewerber werden genommen, sondern die Besten der Branche aktiv gesucht. ☐	Nicht der Beste, sondern der Richtige wird eingestellt. Person und Aufgabe werden sorgfältig zusammengefügt. ☐
Strategietage mit den Führungskräften finden regelmäßig statt. Die Kräfte werden zum Beispiel durch ein Jahresmotto gebündelt. ☐	Es gibt individuelle Zielvereinbarungen mit den Führungskräften durch Quartalsgespräche. ☐	Alle Mitarbeiter sind in den Prozess der Zielfindung und -realisierung eingebunden. ☐	Das Gehalt ist an das Erreichen der Ziele gekoppelt. Die Mitarbeiter tragen auf diese Weise das Unternehmensrisiko mit. ☐
Es gibt regelmäßige Plan-Ist-Vergleiche (monatlich oder quartalsweise). Die vom Controlling gelieferten Zahlen werden aber nur vereinzelt genutzt. ☐	Maßnahmen aus dem Plan-Ist-Vergleich werden umgesetzt. Die Wirksamkeit der Maßnahmen liegt bei 75 Prozent. ☐	Der Plan-Ist-Vergleich ergibt eine Übereinstimmung von mehr als 95 Prozent. ☐	Die entscheidenden Kennzahlen liegen im Branchenvergleich unter den top zehn Prozent. ☐
Zur sporadischen Öffentlichkeitsarbeit werden externe Profis hinzugezogen. Die Notwendigkeit eines Corporate Design ist klar geworden. ☐	Ein Jahresthemenplan für die Öffentlichkeitsarbeit liegt vor. Ein Corporate Design existiert. ☐	Es werden gezielt Anlässe geschaffen, über die die Medien berichten. Das Corporate Design ist ausdifferenziert bis hin zu Feinheiten wie Corporate Wording. ☐	Die Medienkontakte sind so entwickelt, dass die Presse auch von sich aus berichtet. Das Ansehen des Unternehmens in der Öffentlichkeit ist durchweg positiv. ☐

Erfolgsfaktor »Teamchef« – Handlungsfeld T 1

Unternehmerpersönlichkeit entwickeln

»Zur heutigen Sitzung habe ich mal meine Familie mitgebracht – nicht, damit Sie sie sehen, sondern damit ich sie mal wieder sehe.«

Die TEMP-Methode® wird unterstützt durch ein Methodenhandbuch, das Sie auf www.tempus-consulting.de erhalten. Im Text finden Sie im Folgenden Hinweise, welche Methode für das jeweilige Handlungsfeld nützlich ist.

Weiterführende Informationen: Methodenhandbuch, Methode Nr. 16

Wer kein festes »Ja!« zu einer Berufung als Unternehmer hat, wer seine persönlichen Lebensziele nicht geklärt hat, wird nur schwerlich die Rolle eines Teamchefs ausfüllen können.

Wir sind der festen Überzeugung, dass nur derjenige ein Unternehmen führen kann, der auch sich selbst führen kann. An den Anfang stellen wir deswegen die Entwicklung einer integren Unternehmerpersönlichkeit, die in der Balance zwischen Beruf und Familie lebt.

Drei Möglichkeiten, um das persönliche Umfeld zu klären:

- Kostenlose Downloads unter www.ziele.de;
- das Buch *Dem Leben Richtung geben* von Jörg Knoblauch enthält 48 Workshops;
- Sie können Ihre Lebensplanung mit dem Autor Jörg Knoblauch erarbeiten. Wir bieten dazu zweitägige „Dreamdays" an (siehe www.tempus.de).

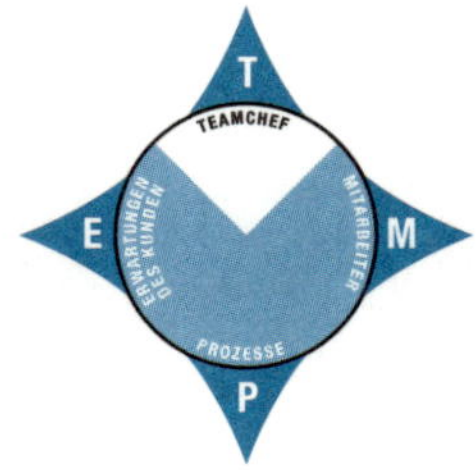

Note 6

Gefühl der persönlichen Überforderung. Die Zuneigung von Ehepartner und Kindern ist verloren gegangen.

Der Unternehmer befindet sich in einem Hamsterrad, das sich immer schneller dreht. Die Tragpfeiler seines Lebens (Beruf und Familie) wanken massiv. Es besteht die Gefahr, die persönliche »Tankstelle« (Familie und Beziehungen) zu verlieren.

To do:

- *Wichtiges und Dringendes auseinanderhalten*
  »Dringend« ist alles, wobei der Faktor Zeit entscheidend ist. »Wichtig« ist alles, was Sie Ihrem Ziel näher bringt. Dringend ist zum Beispiel der Besuch beim Zahnarzt, wenn Sie Zahnschmerzen haben. Wichtig ist die jährliche Vorsorgeuntersuchung.
- *Erkenntnis: »So geht es nicht.«*
  Sie müssen Abstand bekommen und sich einen völlig neuen Arbeitsstil zulegen.
- *Persönliche Einstellung prüfen*
  Der US-amerikanische Pastor und Buchautor Charles Swindoll sagt: »Ich bin überzeugt, dass mein Leben zu 10 Prozent aus dem besteht, was mit mir geschieht, und zu 90 Prozent aus dem, wie ich darauf reagiere … wir können unsere persönliche Einstellung kontrollieren.«

Note 5

Vieles gelingt, und trotzdem bleibt vieles unerledigt nach dem Motto »keine Zeit«.

»Keine Zeit« ist ein subjektives Gefühl, das nur die Spitze des Eisbergs zeigt. Die Ursachen dafür liegen unter der Oberfläche und sind häufig falsche Prioritäten, diffuse Lebensziele, keine Planung und der Wunsch, anderen gefallen zu wollen.

To do:

- *Die vier Balancebereiche erkennen*
  Die vier Bereiche umfassen:
  - *Körper:* Gesundheit, Erholung, Ernährung
  - *Leistung/Beruf:* lernen, entwickeln von Fähigkeiten
  - *Kontakt:* Liebe, Beziehungen
  - *Sinn:* Charakter, Glaube, Allgemeinwohl

  Die Herausforderung besteht darin, diese vier Bereiche in eine gesunde Balance zu bringen.
- *Bestandsaufnahme der eigenen Stärken, Werte und Träume*
  Fangen Sie an aufzuschreiben, was Ihre Stärken, Schwächen, Wünsche, Werte und Fachkenntnisse sind. Fragen Sie sich, welches Umfeld Sie motiviert, was Ihre Persönlichkeit ausmacht, was Sie glauben und warum Sie es glauben.

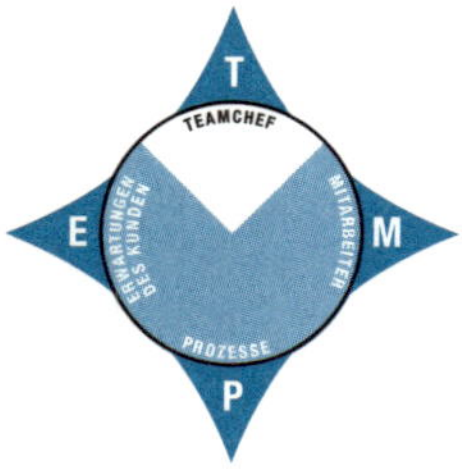

Note 4

Die Rolle im Unternehmen und Privatleben ist geklärt. Sie können Fragen beantworten wie »Wer bin ich heute?«, »Was kann ich?«, »Wohin will ich?«.

Durch bewusste Prioritätensetzung und eine umfassende Bestandsaufnahme herrscht Klarheit über die eigenen Stärken und Schwächen und über Ihren Einfluss auf die Rollen im Betrieb und zu Hause.

To do:

- *»Lebenshüte« definieren*
  Werden Sie sich bewusst, welche »Lebenshüte« oder Rollen Sie ausfüllen (Bereichsleiter, Ehemann/frau, Vereinsvorsitzender usw.).
  Schreiben Sie alle Ihre »Lebenshüte« auf. Fragen Sie sich, was Sie davon nur noch aus Gewohnheit tun und reduzieren Sie entsprechend.
- *Klären Sie die vier Jas*
  Können Sie von ganzem Herzen bejahen, dass Sie Führungskraft sein wollen mit all den Konsequenzen, die das nach sich zieht?
  Haben Sie auch das »Ja«
  - Ihrer Familie?
  - der Mitarbeiter?
  - der Kunden?

Note 3

Die meisten Lebensbereiche sind in guter Balance. Zur Berufung als Führungskraft haben Sie ein klares Ja.

»Unternehmer sein« ist nicht nur ein Job, sondern eine Berufung, die mit Hingabe gelebt wird. Es wurde erkannt, dass Erfolg in einem Balancebereich auf Dauer nicht ausreicht für ein erfülltes Leben, wenn andere Bereiche gleichzeitig brachliegen.

To do:

- *Laudatio für jeden »Lebenshut« formulieren*
  Denken Sie an eine Bezugsperson je »Lebenshut« und notieren Sie, was diese an Ihrem 90. Geburtstag über Sie sagen soll, wenn Sie die Rolle optimal ausgefüllt hätten. Was für Leistungen und Charaktereigenschaften sollen aufgezählt werden?
- *Lebensziel schriftlich fixieren*
  »Lebenshüte« sind ein natürliches Gerüst für unser Lebensziel. Schreiben Sie auf, was übergreifend für Ihr ganzes Leben kennzeichnend sein soll. Für was wollen Sie bekannt sein?
- *Lebensmotto formulieren*
  Anlehnend an Ihr Lebensziel entwickeln Sie ein Lebensmotto, das gut zu merken ist, z. B. »Work hard, pray hard, give people vision«.

Handlungsfeld T 1

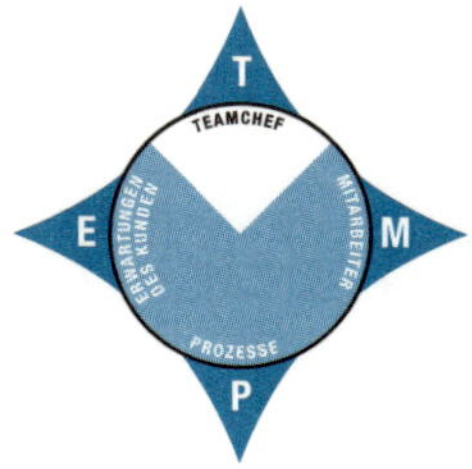

Note 2

Ihre persönlichen Lebensziele und das Lebensmotto sind geklärt und existieren schriftlich.

Schriftlichkeit zwingt zur gedanklichen Klarheit, deswegen liegen Lebensziel und Lebensmotto schriftlich vor. Ein Prozess, der durchaus mehrere Jahre dauern kann.

To do:

- *Wichtige Meilensteine festhalten*
  Zeichnen Sie eine Zeitleiste, in der Sie die Siebener-Reihe eintragen. Diese Lebensjahre gelten als Knotenpunkte des Lebens (im Alter von 7 Jahren zur Schule, mit 14 konfirmiert usw.). Versuchen Sie, jeder Periode bis hin zum 70. Lebensjahr ein Thema zu geben.
- *Planen Sie Ihr Leben*
  Nachdem die langfristigen Ziele geklärt sind, schreiben Sie nun auf, was Sie in den nächsten zwei bis drei Jahren erreichen wollen. Der nächste Schritt ist dann, dass Sie sich fragen, was Sie in den nächsten zwölf Monaten erreichen wollen.

Note 1

Für jeden Lebensbereich existieren Planungen, die aktiv umgesetzt werden.

Ihr Gegenüber merkt sofort, dass ihm eine Führungskraft von Format gegenübersteht. Sie strahlen eine große Gelassenheit aus, weil Sie Ihre Zukunft »im Griff« haben. Jede einzelne Woche im Jahr gestalten Sie bewusst in einer Balance zwischen den »Lebenshüten«. Regelmäßig ziehen Sie sich für »Dream Days« zurück, um sich wieder neu auf Ihre Berufung auszurichten und um Ihre Planungen zu aktualisieren.

Erfolgsfaktor »Teamchef« – Handlungsfeld T 2

Unternehmensleitbild festlegen

Weiterführende Informationen: Methodenhandbuch, Methoden Nr. 1, 2, 3, 4, 8

Wenn von der Wichtigkeit eines Unternehmensleitbilds gesprochen wird, nicken alle beifällig. Im Stillen jedoch stellt sich so mancher Unternehmer die Fragen »Was ist das eigentlich?« und »Warum das alles überhaupt?«.

Ein Unternehmensleitbild ist eine klare Vorstellung davon, warum es Ihr Unternehmen gibt, wohin Sie mit Ihrem Unternehmen langfristig wollen und auf welche Art und Weise Sie dieses Ziel erreichen möchten.

80 Prozent aller Motivation entspringen aus dem »Warum«, dem Unternehmensleitbild, das Sinn und Zweck der Firma klärt. Nur 20 Prozent der Motivation kommen aus dem »Was« (Produkt) und »Wie« (Verkaufsstrategie). Studien sagen außerdem glasklar: Die meisten Unternehmen, die nur Gewinnmaximierung anstreben, sterben durchschnittlich innerhalb von 15 bis 18 Jahren aus.

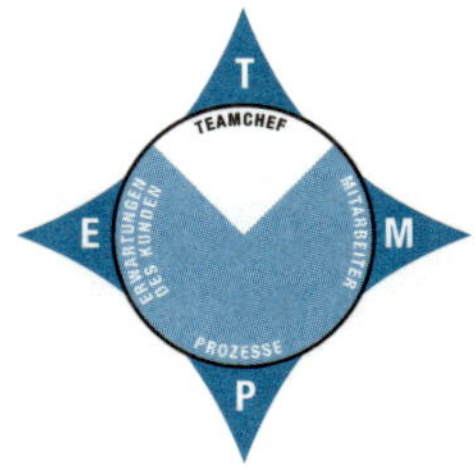

Note 6

Über Aspekte wie Zielfoto, Mission/Vision und Unternehmensleitbild wurde nie nachgedacht. Das operative Geschäft dominiert.

Das Tagesgeschäft nimmt Sie so gefangen, dass Sie bisher überhaupt keine Zeit hatten, um über ein Zielfoto nachzudenken. Sie gehen davon aus, dass es am Markt keine Veränderungen geben wird. Daher besteht (anscheinend) kein Bedarf, über die Zukunft nachzudenken.

To do:

- *Wichtige zukünftige Entwicklungen erkennen*
  Stellen Sie sich grundsätzliche Fragen, zum Beispiel: Auf welche Veränderungen der Zielgruppenbedürfnisse müssen Sie in den nächsten Jahren reagieren?
  Zapfen Sie Informationsquellen innerhalb und außerhalb der Firma an. Lernen Sie, die Informationsflut für sich zu nutzen.

Note 5

Wichtige zukünftige Entwicklungen werden ungefiltert ins Tagesgeschäft einbezogen.

Informationen über die aktuellen Trends (zum Beispiel E-Commerce) werden häufig unkritisch übernommen, ohne in ausreichendem Maß der Firmensituation angepasst zu werden. Dies führt zu einer unruhigen »Stop and Go«-Politik: Es gibt viel Bewegung ohne klares Ziel.

To do:

- *Träumen und proaktiv werden*
  Träumen ist eine Kraft, die Großes bewegt:
  - Kreativität wird gefördert,
  - nachhaltige Motivation (denn im Träumen liegt der Wunsch verborgen, etwas zu tun, mit dem wir uns identifizieren können),
  - keine zusätzliche Zeit (50 Prozent der Deutschen träumen am besten beim Spazierengehen, 30 Prozent beim Musikhören und ca. 20 Prozent beim Sport).
  - Die Fähigkeit, visionär zu denken, wird gefördert.
- *Denken Sie über Werte und Spielregeln nach, die den Umgang untereinander regeln*

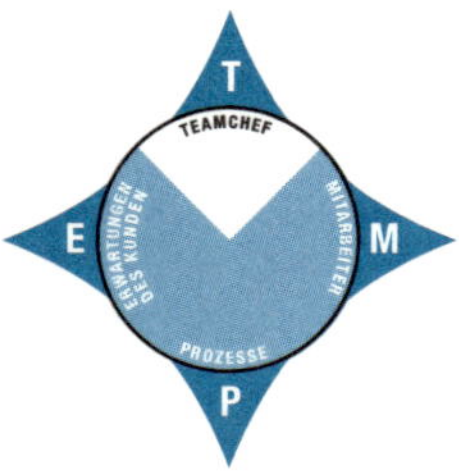

Note 4

Es existiert ein vages Bild von der Zukunft des Unternehmens. Themen wie Werteorientierung und Verhaltensspielregeln werden diskutiert.

Im Kopf des Unternehmers existiert eine ungefähre Vorstellung davon, wohin er mit dem Unternehmen will. Dieses Bild

- wird nicht kommuniziert,
- liegt nicht schriftlich vor,
- spielt bei alltäglichen Entscheidungen kaum eine Rolle.

To do:

- *Ein klares Mission Statement entwickeln*
  Ein Mission Statement beantwortet die Frage »Wozu ist das Unternehmen da?« (z. B. Nokia: »Connecting people«).
- *Ein begeisterndes Zielfoto formulieren*
  Ein Zielfoto ist wie der Polarstern (kaum erreichbar, aber er gibt die Richtung vor) und beantwortet die Frage »Wo will ich langfristig (in 10 bis 20 Jahren) mit meinem Unternehmen hin?«.
- *Werte im Unternehmen klären*
  Werte gibt es in jedem Unternehmen. Sie können lähmen oder beflügeln. Werte beantworten die Frage »Auf welche Art und Weise möchte ich das Ziel erreichen?« (Vertrauen, Offenheit usw.).

Note 3

Eine schriftliche Fixierung des Unternehmensleitbilds liegt vor.

Es besteht Klarheit,

- wozu das Unternehmen da ist,
- wo es in ferner Zukunft stehen will und
- auf welche Art und Weise es dorthin kommen möchte.

Häufig ist dieses Leitbild von einer PR-Agentur gestaltet und wird zwar nach außen auf Imagebroschüren kommuniziert, aber noch nicht im Alltag gelebt.

To do:

- *Werteprozess einleiten (z. B. Shared Values – Teil 1)*
  Es ist ein Mythos, dass Unternehmen durch visionäre Aussagen visionär werden. Der Shared-Values-Prozess (in Deutschland angeboten von der Firma persolog, www.persolog.com) ist ein Prozess, der mindestens zwei Jahre dauert. Dafür schafft er aber dauerhafte Veränderungen im Unternehmen in Richtung des Leitbilds. Werte wie »Ehrlichkeit«, »Offenheit für neue Ideen« usw. werden in den alltäglichen Situationen des Unternehmens eingeübt und gelebt.

Handlungsfeld T 2

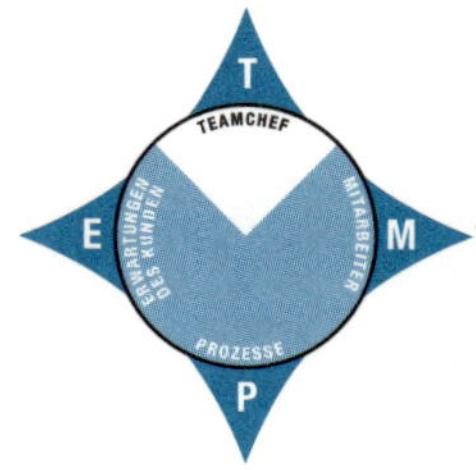

Note 2

Das Unternehmensleitbild wird in der Praxis durchgehend gelebt.

Entscheidungen werden nach dem Kriterium getroffen »Was bringt uns unserem Leitbild näher?«. Die Werte der Mitarbeiter und die Unternehmenswerte stimmen überein. Das Unternehmen hat eine hohe öffentliche Attraktivität.

To do:

- *Organisationsentwicklung (z. B. Shared Values – Teil 2)*
  Der Shared-Values-Prozess geht weiter und führt zu einer Umgestaltung der Firmenstruktur. Es werden Teams gebildet, die an Prozessverbesserungen arbeiten. Es werden nur Menschen eingestellt, die die Werte des Unternehmens (z. B. »offene Kommunikation«) mittragen. Auch Bewertung und Bezahlung der Mitarbeiter werden direkt mit Werten in Verbindung gebracht.

Note 1

Eine dynamische, werteorientierte Organisation entsteht.

Es macht einfach Spaß, solchen Unternehmen bei der Arbeit zuzusehen. Hier pulsiert das Leben. Jeder Mitarbeiter in der Firma liefert Leistungen, die bei allen positiv in Erinnerung bleiben.

Solche Leistungen sind nur möglich, wenn eine Antwort gefunden wurde auf Neid und Missgunst. Begeisterte Mitarbeiter, die einander vertrauen, arbeiten an begeisternden Projekten und haben begeisterte Kunden.

Strategisch planen

Weiterführende Informationen: Methodenhandbuch, Methoden Nr. 3, 4, 5, 8, 11

Ziele sind nur durch sorgfältige Planung erreichbar. Grundsätzlich gilt der Satz: »Planungszeit verlängern heißt Ausführungszeit verkürzen.«

Wenn im Unternehmen von Planung die Rede ist, dann geht es in der Regel um Investitionen, Mailingaktionen oder Ähnliches. Wenn wir jedoch von »strategisch planen« reden, meinen wir konkrete Ziele, die mittelfristig und langfristig erreicht werden sollen. Die Mailingaktion und die Investitionsentscheidungen werden diesen Planungen strikt unterworfen: Sie werden nur dann durchgeführt, wenn sie dazu dienen, dem Ziel näher zu kommen.

Strategische Planungen werden Ihnen helfen, Entscheidungen leichter zu treffen und eine klare Linie in die Entscheidungen zu bringen. In turbulenten Zeiten wie diesen müssen Unternehmen strategisch vorgehen, um in Zukunft weiter bestehen zu können.

Note 6

Das Tagesgeschäft dominiert. Es gibt keine Zeit, um am System zu arbeiten, sondern nur im *System.*

Handlungsfeld T 3

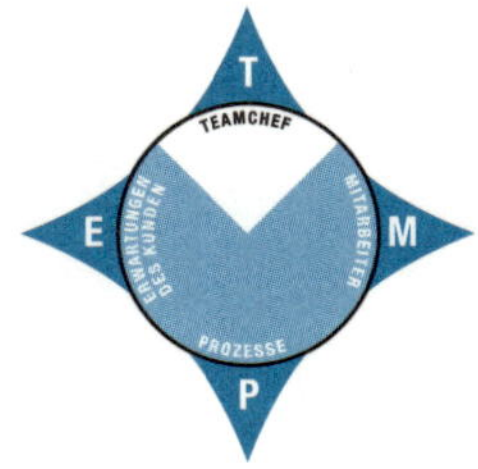

In diesen Firmen diktiert eher das System die Geschehnisse, als dass der Unternehmensleiter das System gestaltet. Traditionelle Abläufe werden beibehalten. Chaos regiert.

To do:

- *Ordnung ins Chaos bringen*
  Nehmen Sie sich zwei bis vier Stunden Zeit und sortieren Sie alles, was sich auf dem Schreibtisch befindet, auf vier Stapel:
  1. *Papierkorb:* Werfen Sie radikal weg, auch wenn Sie sich unsicher sind!
  2. *Ablage:* Markieren Sie, wo was abgelegt werden soll!
  3. *Delegation:* Wer kann Ihnen etwas abnehmen?
  4. *Priorität A:* Alles, was dringend sowie wichtig ist und nur von Ihnen erledigt werden kann.

  Sortieren Sie nur! Fangen Sie an, Dinge zu erledigen, haben Sie schon verloren.
- *Projektliste erstellen*
  Erstellen Sie eine Liste mit allen Projekten, die Sie zu bewältigen haben. Hilfreich ist es, für jedes Projekt einen ungefähren Endtermin zu benennen (z. B. KW 11) und einige Projekte unter Oberthemen zu bündeln.

Note 5

Kurzfristiges Handeln überdeckt langfristige Ansätze. Dringendes dominiert Wichtiges. Statt konkreter Ziele gibt es nur gut gemeinte Absichten.

Morgens nimmt der Unternehmer sich zum Beispiel fest vor, mit seinem Mitarbeiter über Prozessverbesserungen zu reden. Aber dann überrollt ihn die Lawine des Tagesgeschäfts mit Telefonaten usw. Abends fragt er sich, wo der Tag eigentlich geblieben ist. Denn nichts von dem, was er sich vorgenommen hatte, konnte er umsetzen.

To do:

- *Unterschied zwischen »dringend« und »wichtig« erkennen*
  Dringendes hat mit Effizienz zu tun (Dinge richtig tun). Wichtiges hat mit Effektivität zu tun (die richtigen Dinge tun).
- *Eine Übersicht über unternehmerische Hauptaufgaben erstellen und Prioritäten setzen*
  Definieren Sie den Zeitaufwand, den Sie momentan für Ihre Hauptaufgaben einsetzen (ist), sowie den Zeitaufwand, den Sie dafür in Zukunft einsetzen wollen (soll). Setzen Sie für jede dieser Aufgaben Ziele, die messbar und machbar sind.

Note 4

Zielauswahl führt zu Prioritäten und damit zu strategischem Denken.

Die unternehmerischen Hauptaufgaben sind geklärt. Durch Zielsetzung findet eine Konzentration auf strategisch wichtige Aktionen statt. Es wird bewusst unterschieden zwischen dringenden und wichtigen Tätigkeiten.

To do:

- *Strategieplanung auf Grundlage der TEMP-Methode®*
  Für jeden der vier Erfolgsfaktoren der TEMP-Methode®
  - Teamchef
  - Erwartungen des Kunden
  - Mitarbeiter
  - Prozesse

  legen Sie Ziele für ein bis drei Jahre fest.
- *Visualisierung durch einen Strategieplan*
  Ein einfaches Mittel zur Visualisierung wäre es beispielsweise, alle strategischen Projekte übersichtlich auf einer Zeittafel darzustellen.

Note 3

Eine mittelfristige Unternehmensplanung (zwei bis drei Jahre) existiert.

Zielgerichtete Planungen bestehen nicht nur kurzfristig (ein Jahr), sondern über mehrere Jahre hinweg. Es wird versucht, auf das Realisieren des Unternehmensleitbilds hinzuarbeiten, jedoch dominieren aktuelle Marktentwicklungen bei der »Wegauswahl«.

To do:

- *Verschiedene künftige Entwicklungen gedanklich durchspielen, um den Bezug zum Unternehmensleitbild zu stärken*
  Das Unternehmensleitbild dient als »Zielfoto«. Überlegen Sie:
  - Was sind die nächsten Meilensteine, um dem Unternehmensleitbild näher zu kommen?
  - Welche Hindernisse treten auf und sind in unserem Einflussbereich?
  - Welche Ressourcen sind nötig?
  - Wovon müssen wir uns verabschieden?
- *Einbeziehung aller Faktoren aus Erfolgsfaktor II: Erwartungen des Kunden*
  Einer der wichtigsten Punkte in diesem Prozess ist das Hineindenken in die Zielperson – in den Kunden. Wer wird die Zielperson in fünf Jahren sein?

Handlungsfeld T 3

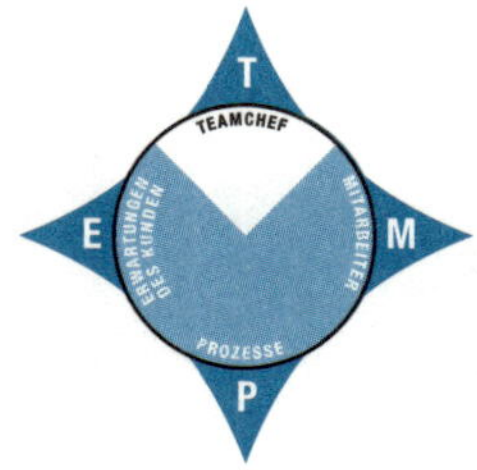

Note 2

Eine langfristige Unternehmensplanung (über fünf Jahre hinaus) existiert.

Es bestehen Strategien, die konkrete Meilensteine auf dem Weg zur Realisierung des Unternehmensleitbilds darstellen. Worst- und Best-Case-Szenarien wurden durchdacht. Der Kunde und seine Wünsche stehen im Mittelpunkt.

To do:

- *Ein umfangreiches Kennzahlensystem gibt klare Erkenntnisse und wirkt sich unmittelbar auf die Strategie aus*
  Das Kennzahlensystem im Unternehmen ist nicht nur umfangreich, sondern es ist bekannt, welche Kennzahlen entscheidend sind im Unternehmen als Signalgeber und Veränderungsmotor. Diese Zahlen liegen in der Regel tagesaktuell vor.
- *Umgestaltung des Unternehmens von »Materie« zu »Geist«*
  Produkte erleben einen starken Wandel von reinen Materieprodukten (z. B. Werkzeugkisten), die in Billiglohnländern nachbaubar sind, hin zu Geistprodukten. Geistprodukte basieren stark auf Ideen, Forschung und Dienstleistungen. Sie sind sehr individuell und nur schwer kopierbar.

Note 1

Die Unternehmensstrategie wird den laufenden Änderungen angepasst: Repositionierung des Unternehmens.

Eindeutig klar ist in diesem Unternehmen, wo es langfristig hin will (siehe auch Handlungsfeld T 2 »Unternehmensleitbild festlegen«) und wie die Meilensteine auf dem Weg dahin aussehen.

Der Schnelligkeit und Komplexität unserer Welt wird dadurch Rechnung getragen, dass auf Änderungen zügig reagiert wird, ohne das Ziel aus den Augen zu verlieren oder kontraproduktive Maßnahmen einzuleiten.

Diese Unternehmen haben es geschafft, die delikate Balance zwischen Bewahrung und Veränderung sowie zwischen Erstarrung und Überhitzung zu halten.

Erfolgsfaktor »Teamchef« – Handlungsfeld T 4

Mitarbeiter auswählen

Weiterführende Informationen: Methodenhandbuch, Methoden Nr. 9, 10, 11, 31, 40

Deutsche Mittelständler klagen immer wieder, dass sie keine geeigneten Mitarbeiter finden für ihre Unternehmen. Es ist ein Kampf um die besten Kräfte entbrannt.

Dieser Abschnitt wird Ihnen Antworten liefern, wenn Sie wissen möchten:

- Was ist eigentlich ein geeigneter Mitarbeiter?
- Wie kann ich gute von schlechten Mitarbeitern unterscheiden?
- Wie wähle ich aus Bewerbern den Richtigen aus?
- Wo finde ich die besten Leute?

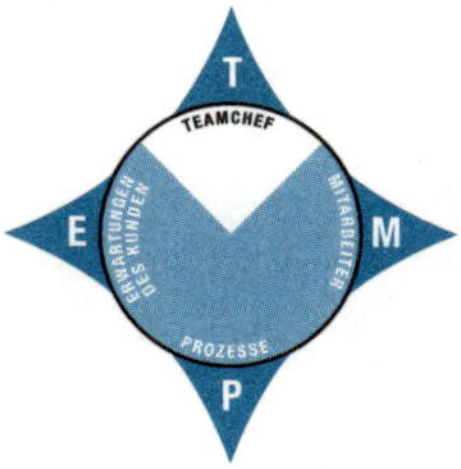

Note 6

Es wird genommen, was zur Verfügung steht. Wer zuerst kommt, wird eingestellt.

Erschreckend, aber wahr: Derjenige, der den Kopf zuerst durch die Tür des Unternehmens steckt, wird eingestellt. Eine Auswahl findet zumeist nicht statt. Außerdem gilt Personal lediglich als Kostenfaktor, der möglichst günstig beschafft wird.

To do:

- *Erkenntnis, dass Einstellungskriterien vorhanden sein sollten*
  Es wird nicht mehr wahllos jeder eingestellt. Im Bewerbungsgespräch wird nicht mehr nur davon gesprochen, was für Aufgaben auf den Bewerber warten. Kriterien, die für eine Einstellung nötig sind, werden gezielt abgefragt (Einstellungstermin, Gehalt, Weiterbildungsbedarf usw.).

Note 5

Die Bewerberauswahl erfolgt nach ungeeigneten Kriterien (z. B. Gehalt). Das Anforderungsprofil ist ungeklärt.

Ein Anforderungsprofil ist nicht vorhanden und die Interviewtechniken sind unprofessionell.

To do:

- *Aufgabenbeschreibung erstellen*
  Stellen Sie zunächst fest, für welche Aufgaben der neue Mitarbeiter geeignet sein sollte. Eine schriftliche Aufgabenbeschreibung sollte neben der formellen Stellenbezeichnung folgende Angaben enthalten:
  - Art der Aufgabe,
  - eine allgemeine Zielsetzung,
  - Hauptfunktionen mit ihrem ungefähren prozentualen Anteil an der Gesamtarbeitszeit.
- *Anforderungsprofil verfassen*
  Leiten Sie aus der bereits erstellten Aufgabenbeschreibung ab,
  - welche fachlichen Qualifikationen der Bewerber mitbringen muss;
  - ob er ein Teamarbeiter oder Einzelkämpfer sein sollte;
  - in welchem Umfeld er sich wohlfühlen muss;
  - welche persönlichen Stärken und sonstigen Fähigkeiten er benötigt.

Note 4

Die Bewerberauswahl erfolgt nach Aufgabenbeschreibung und Anforderungsprofil.

Aus der Aufgabenbeschreibung resultiert das Anforderungsprofil, das mit den Qualifikationen der Bewerber verglichen wird.

To do:

- *Mitarbeiter in A-, B- und C- Kräfte einteilen*
  - A-Mitarbeiter sind Topkräfte (z. B. mit hoher Sensibilität für Kundenbedürfnisse)
  - B-Mitarbeiter haben z. B. das Bewusstsein: »Der Kunde ist König«, setzen es aber nur inkonsequent um. Sie müssen zu As entwickelt werden.
  - C-Mitarbeiter liefern miserable Leistungen ab. Sie haben z. B. die Haltung: »Ich bediene keinen Kunden kurz vor Ladenschluss, denn sonst kann ich nicht pünktlich Feierabend machen.«

  Achten Sie darauf, dass Sie nur A-Kräfte einstellen. Eine C-Kraft ist immer zu teuer, denn letztlich zerstört sie das Unternehmen.
- *Einsatz von weiteren Auswahlinstrumenten*
  Nutzen Sie Assessmentcenter und Persönlichkeitstests (z. B. Persönlichkeits-Profile der Firma persolog).

Note 3

Sowohl Bewerberauswahl als auch der Einsatz von Instrumenten (wie Assessmentcenter) und Beratern erfolgen sorgfältig.

Es stellt sich die Erkenntnis ein, dass der Erfolg des Unternehmens ausschließlich von Menschen gemacht wird. Es wird viel Zeit und Mühe investiert, um A-Mitarbeiter zu identifizieren.

To do:

- *Geeignete Instrumente einsetzen, um A-Kräfte zu finden*
  Topkräfte sind schwer zu finden, denn sie stehen nicht auf der Straße, sondern bringen in anderen Unternehmen Spitzenleistungen. Daher müssen Sie z. B.
  - Stellenanzeigen ideenreich gestalten,
  - sich mit Schulen und Ausbildungsstätten in Verbindung setzen,
  - Netzwerke nutzen (Verbandstagungen usw.),
  - A-Kräfte fragen (gute Leute kennen gute Leute).
- *Wirksame Interviewtechniken einsetzen*
  Vor dem Bewerbungsgespräch sollten die richtigen Fragen überlegt werden, die einen echten Aufschluss über den Bewerber ermöglichen. Ziehen Sie Personalberater hinzu, die in Interviewtechniken geschult sind.

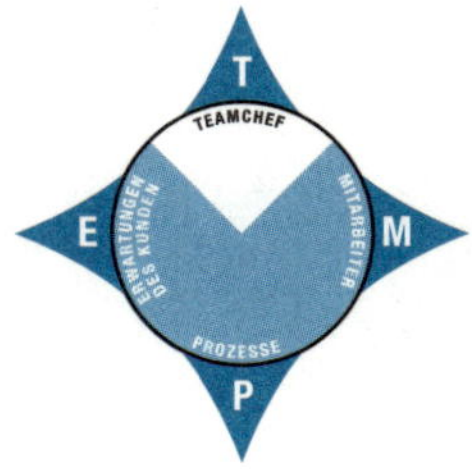

Note 2

Nicht die besten Bewerber werden genommen, sondern die Besten der Branche aktiv gesucht.

Sie suchen aktiv High Potentials. Dieser Kampf um die Besten wird mit großem Aufwand betrieben.

To do:

- *Person und Aufgabe werden zusammengeführt*
  Zunächst muss sich die Erkenntnis einstellen, dass sich die Einteilung in A-, B- oder C-Kräfte immer auf eine bestimmte Aufgabenstellung bezieht. Jede Stärke passt immer zu einer bestimmten Situation. Wenn Mitarbeiter falsch eingestellt, falsch geführt oder am falschen Platz beschäftigt werden, hat man sie zu C-Kräften gemacht.
  Es werden die Stärken der Mitarbeiter erkannt (z. B. durch Instrumente wie das Persönlichkeits-Profil der Firma persolog) und aktiv nach Situationen gesucht, in denen diese Stärken eingesetzt werden können.

Note 1

Nicht der Beste, sondern der Richtige wird eingestellt. Person und Aufgabe werden sorgfältig zusammengefügt.

Der optimale Einsatz von Menschen ist nicht bloß ein Faktor des Unternehmenserfolgs unter vielen Faktoren. Er ist der Faktor des Unternehmenserfolgs schlechthin. Daraus ergibt sich die Konsequenz, dass die stetige Betreuung der Mitarbeiter zur obersten Führungsaufgabe wird.

Erfolgsfaktor »Teamchef« – Handlungsfeld T 5

Erfolg vereinbaren

Weiterführende Informationen: Methodenhandbuch, Methoden Nr. 5, 6, 7, 8

Erfolg im Unternehmen ist nur denkbar, wenn alle Mitarbeiter an einem Strang ziehen. Damit der Mitarbeiter weiß, was exakt von ihm erwartet wird, braucht er individuelle Zielvereinbarungen. Solche »Ein-Mann-Unternehmer« verleihen dem Unternehmen Flügel.

Erfolg wird in solchen Unternehmen nicht von oben beschlossen, sondern mit den Mitarbeitern vereinbart. So entsteht ein Netzwerk von Unternehmern, das alle Ebenen überspannt und im Alltag gelebt wird.

Handlungsfeld T 5

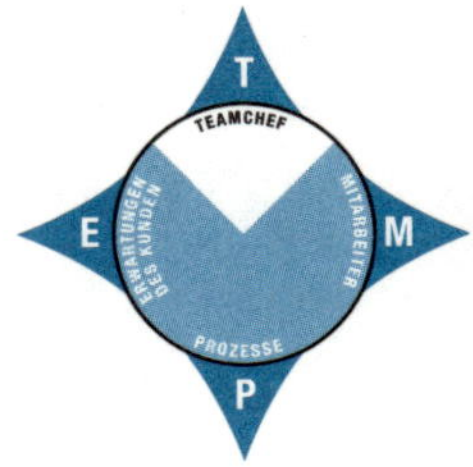

Note 6

Das Unternehmen funktioniert nach Befehl und Gehorsam.

Der Unternehmer gibt genaue Arbeitsanweisungen vor, die dann von den Mitarbeitern exakt befolgt werden müssen.

To do:

- *Treffen im Führungskreis*
  Die Herausforderung besteht darin, Betroffene zu Beteiligten zu machen. Treffen Sie sich ein- bis zweimal im Monat, um über dringliche (kurzfristige) Probleme zu sprechen und gemeinsam nach Lösungen zu suchen.
  Achten Sie darauf, dass in einem Protokoll festgehalten wird, wer was bis wann macht.

Note 5

Es gibt sporadische Treffen im Führungskreis.

Durch verschiedene Aktionen wie z. B. das Formulieren eines Jahresmottos werden die Mitarbeiter ansatzweise integriert und die Kräfte in Richtung des Unternehmenszieles gebündelt.

To do:

- *Strategietage mit den Führungskräften*
  Ein- bis zweimal pro Jahr trifft sich die Geschäftsleitung mit allen Führungskräften und dem Betriebsratsvorsitzenden möglichst außerhalb der Unternehmensgebäude. So werden Störungen vermieden und eine entspannte Atmosphäre erreicht.
  Die Inhalte solcher Strategietagungen können grundsätzliche Fragen sein, wie
  - Wo »drückt der Schuh«?
  - Wo wollen wir hin?
  - Wo wollen wir investieren?
  - Welche Ziele setzen wir uns?
- *Jahresmotto erstellen*
  Finden Sie ein Motto, das die Herausforderungen des nächsten Jahres auf den Punkt bringt. Visualisieren Sie das Motto und hängen Sie es an zentralen Orten im Unternehmen aus. Ziel ist es, die Kräfte zu bündeln.

Handlungsfeld T 5

Note 4

Strategietage mit den Führungskräften finden regelmäßig statt. Die Kräfte werden zum Beispiel durch ein Jahresmotto gebündelt.

Regelmäßige Treffen der Geschäftsleitung mit den Führungskräften verbessern die Kommunikation und die Zusammenarbeit untereinander. Abteilungsdenken wird verdrängt von einer stärker ganzheitlichen Sicht für die Anliegen des gesamten Unternehmens. In kurzer Zeit fließen Informationen sehr gebündelt, und Entscheidungen können gemeinsam getroffen werden.

To do:

- *Regelmäßige Treffen, um zu Zielvereinbarungen zu kommen*
  Der Unternehmer trifft sich z. B. alle drei Monate mit seinen Führungskräften zu einem Vieraugengespräch. Die Mitarbeiter bringen ausformulierte Ziele mit, die sie zum Wohle des Unternehmens in den nächsten drei Monaten erreichen wollen. Natürlich kann auch über andere Themen gesprochen werden wie Unterstützung durch die Geschäftsleitung, Weiterbildung usw. Der übliche Zeitaufwand für solche Gespräche liegt zwischen zwei und drei Stunden. Die Motivation der Führungskräfte wächst durch die starke Identifikation mit den selbst gesetzten Zielen.

Note 3

Es gibt individuelle Zielvereinbarungen mit den Führungskräften durch Quartalsgespräche.

Die vierteljährlichen Gespräche veranlassen die Führungskräfte, über ihr Tun Rechenschaft abzulegen, über Ziele nachzudenken und ihre Träume nicht aus dem Auge zu verlieren.

Service: Ein Formblatt zur Zielvereinbarung finden Sie kostenlos unter www.temp-methode.de/vorlagen

To do:

- *Das gesamte Unternehmen mit Zielen überziehen*
  Es gilt, die Unternehmensziele auf die verschiedenen Hierarchieebenen herunterzubrechen bis zum einzelnen Team oder Mitarbeiter. So wird erreicht, dass jeder Mitarbeiter vom Abteilungsleiter bis zur Putzfrau im Hinblick auf das Gesamtziel weiß, dass sein Beitrag wichtig ist.
- *Ausreichend Zeit für den Zielfindungsprozess im Unternehmen einräumen*
  - Von der Präsentation durch die Geschäftsleitung
  - über die Diskussion auf den einzelnen Ebenen
  - bis hin zur abschließenden Formulierung von Zielen und Maßnahmen

  läuft dieser Prozess üblicherweise über mehrere Monate.

Note 2

Alle Mitarbeiter sind in den Prozess der Zielfindung und -realisierung eingebunden.

Dies hat etwas mit der Würde des Menschen zu tun. Unternehmen dieses Formats praktizieren völlig andere Formen der Mitarbeiterführung:

- Selbstbestimmung,
- sich entfalten können,
- über Ziele sprechen und nicht nur über Details.

To do:

- *Zielerreichung an Lohn- und Gehalt anbinden*
  Bei Zielerreichung kann ein Mitarbeiter deutlich mehr verdienen, bei Nichterreichung kann der Verdienst aber auch spürbar geringer ausfallen. Hierbei ist zu beachten, dass die Schwankungen des Gehalts umso höher sein können, je mehr Verantwortung ein Mitarbeiter hat. Beispielsweise können Bereichsleiter 30 Prozent mehr verdienen, wenn Ziele übertroffen werden, aber auch bis zu 30 Prozent weniger verdienen, wenn Ziele nicht erreicht werden. Das Gehalt für normale Mitarbeiter schwankt dagegen nur zwischen plus/minus 10 Prozent. Auf diese Weise werden fixe Lohnanteile schrittweise in variable verwandelt.

Note 1

Das Gehalt ist an das Erreichen der Ziele gekoppelt. Die Mitarbeiter tragen auf diese Weise das Unternehmensrisiko mit.

Die Zielerreichungen werden an das Gehalt der Mitarbeiter angebunden. Der Mitarbeiter ist nun Mitunternehmer, er ist sein eigener Chef. Das Unternehmen ist nicht mehr hierarchisch strukturiert, sondern besteht aus einem Netzwerk von vielen Unternehmern.

Erfolgsfaktor »Teamchef« – Handlungsfeld T 6

Profitabel wirtschaften

Weiterführende Informationen: Methodenhandbuch, Methoden Nr. 12, 13, 14, 15, 28

Profitabel wirtschaften möchte wohl jeder Unternehmer. Zudem braucht ein Unternehmen mehr gute Jahre als schlechte Jahre. In einer Zeit des rasanten Wandels stellen viele fest, dass es nicht mehr ausreicht, einmal jährlich eine Bilanz zu erstellen, um den »Gesundheitszustand« des Unternehmens zu bestimmen. Dann kann es nämlich bereits zu spät sein, um rettende Maßnahmen einzuleiten.

Sicherlich werden Sie durch das Lesen der nächsten Seiten nicht über Nacht zum Controllingexperten. Aber Sie werden einige praktikable Ansatzpunkte aufgezeigt bekommen, die Sie sofort nutzen können. Verlassen Sie sich nicht mehr monatelang auf ein unruhiges Gefühl in Ihrer Magengegend beim Nachdenken darüber, wie gut oder schlecht Ihr Unternehmen dasteht. Starten Sie einen Prozess, der Ihnen täglich Fakten und Warnsignale liefert.

Handlungsfeld T 6

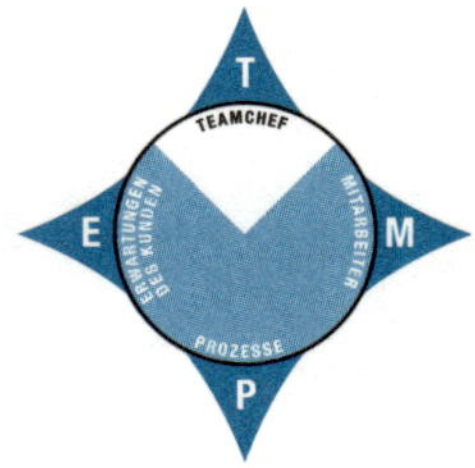

Note 6

Kontostände und jährliche Bilanzen stellen die Grundlage für anstehende Entscheidungen dar.

Mitte des Jahres erfährt der Unternehmer, ob er im vergangenen Jahr Gewinn oder Verlust gemacht hat. Das Jahresergebnis entscheidet, ob Preise erhöht oder Investitionen getätigt werden oder nicht.

To do:

- *Bilanzanalyse nach Kostenarten*
  Wofür wird Geld ausgegeben? Betrachten Sie die größten Kostentreiber genauer (z. B. Lohn/Gehalt, Energie, Reparaturen usw.).
- *Wichtigste Kennzahlen der Branche ermitteln*
  Kennzahlen, die für eine Branche entscheidend sind, kann man über Fachliteratur oder durch Verbände erhalten. Viele dieser Kennzahlen setzen Einnahmen und Ausgaben ins Verhältnis. Im Handel könnte dies z. B. der Umsatz pro Mitarbeiter sein.
- *Erstellen Sie Monats- und Quartalsbilanzen*
  Vollziehen Sie den Wechsel vom Jahreshorizont auf den Quartals-/Monatshorizont

Note 5

Es wird erkannt, dass außer dem Umsatz noch andere wichtige Kenngrößen existieren. Monats- und Quartalsbilanzen werden erstellt.

Die Kennzahlen sind häufig die gleichen wie unter Note 6, nur in Quartals-/Monatsaktualität.

Das Denken ist dennoch rein quantitativ, und es wird nur grob aufgeschlüsselt, wie sich der Umsatz zusammensetzt.

To do:

- *Erweiterung/Verfeinerung der Kennzahlen*
  Falls es weiteren Aufschluss gibt, erstellen Sie z. B. Kennzahlen für einzelne Artikel- oder Kundengruppen. Beachten Sie dabei, dass auch hier das Prinzip gilt: »Weniger ist mehr.«
- *Einzelkalkulationen für das gesamte Sortiment*
  Alle Produkte werden kalkuliert, so dass erkennbar ist, welche Produkte »Winner« und welche »Loser« sind.

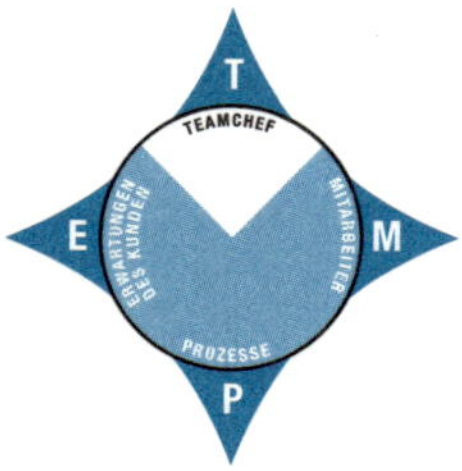

Note 4

Es gibt regelmäßige Plan-Ist-Vergleiche (monatlich oder quartalsweise). Die vom Controlling gelieferten Zahlen werden aber nur vereinzelt genutzt.

Hier hat ein Wechsel vom Jahreshorizont auf den Quartals-/Monatshorizont stattgefunden. Die Datenaktualität liegt hier zwischen einem und drei Monaten. Es ist ein erster Ansatz qualitativen Denkens zu erkennen. Ein schneller Zugriff auf die Daten ist nun möglich, allerdings ohne recht zu wissen, was damit anzufangen ist.

To do:

- *Kostenstellensystem aufbauen*
  Hier setzt der Beginn der Kosten- und Leistungsrechnung ein, die ein Kostenstellensystem nach der Unternehmensgliederung aufbaut. Die Transparenz der Zahlen hilft Ihnen dabei, die Ursachen für Planabweichungen zu finden und entsprechende Maßnahmen einzuleiten.
- *Qualifizierung der Mitarbeiter*
  Vermitteln Sie Ihren Mitarbeitern ein breites Basis-Know-how, das ihnen einen gezielten Umgang mit den Zahlen erlaubt.

Note 3

Maßnahmen aus dem Plan-Ist-Vergleich werden umgesetzt. Die Wirksamkeit der Maßnahmen liegt bei 75 Prozent.

Die Qualität der Daten ist merklich gestiegen, allerdings in ungefilterter Quantität. Grundsätzlich wird über »totes Datenmaterial« geredet, denn das Geld ist bereits ausgegeben, die Entscheidungen sind nicht mehr umkehrbar. Es kann aber für die Zukunft aus Fehlentscheidungen gelernt werden.

To do:

- *Mitlaufender Katastrophenplan*
  Neben der normalen Planung existieren sogenannte Worst-case-Rechnungen, die Aussagen darüber machen, wie zu reagieren ist bei Eintreten unvorhergesehener oder gar extremer Abweichungen.
- *Ständige Überprüfung der Kennzahlen auf Aussagewirksamkeit*
  Die Kennzahlen werden ständig überarbeitet, auf Wichtigkeit überprüft und nach Priorität geordnet.
- *Benchmarking betreiben*
  Werfen Sie vorausschauende Blicke auf weiterentwickelte Mitbewerber und Branchen sowie deren Kennzahlensysteme.

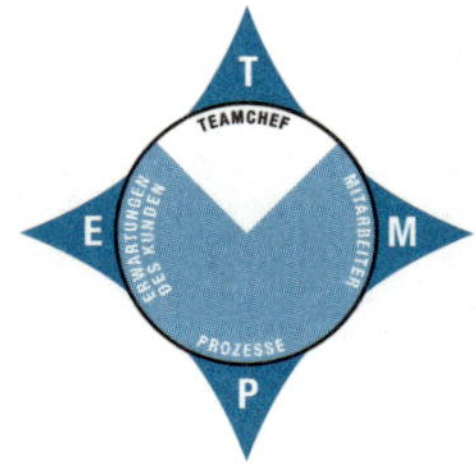

Note 2

Der Plan-Ist-Vergleich ergibt eine Übereinstimmung von mehr als 95 Prozent.

Es findet ein monatlicher Zielabgleich statt, der zu einer rollierenden Planung führt. Die rollierende Planung ist stets ausgerichtet auf langfristige Ziele.

To do:

- *Ständiges branchenübergreifendes Benchmarking*
  Benchmarking findet laufend statt. Aber nun wird nicht mehr nur der Vergleich mit den Besten der eigenen Branche angestellt, sondern man lernt auch branchenübergreifend voneinander. Beispielsweise können Sie von der Formel 1 lernen, wie sich Prozesse extrem optimieren lassen. Vom Notarzt können Sie lernen, wie sich Arbeitsmittel so gut organisieren lassen, dass alles mit einem Griff zur Hand ist.

Note 1

Die entscheidenden Kennzahlen liegen im Branchenvergleich unter den top 10 Prozent.

Nachträgliche Maßnahmen zur Planerreichung sind nicht nötig. Der ständige Blick über den Tellerrand hilft Ihnen dabei, dauerhaft in der Gruppe der Spitzenreiter Ihrer Branche dabei zu sein.

Erfolgsfaktor »Teamchef« – Handlungsfeld T 7

Außendarstellung gestalten

Weiterführende Informationen: Methodenhandbuch, Methode Nr. 30

Viele Unternehmer glauben noch immer, dass qualitativ großartige Produkte ausreichen, um am Markt zu bestehen. Doch das ist ein fataler Irrtum: Um am Markt wahrgenommen zu werden, müssen Sie aktiv kommunizieren.

Eine gute Presse ist Ihnen dabei in zweierlei Hinsicht nützlich:

- Sie sind attraktiver für potenzielle Mitarbeiter.
- Ihre Produkte und Dienstleistungen werden ins rechte Licht gerückt.

Ob Sie den Redakteur einer Schülerzeitung engagieren oder ein professionelles Redaktionsbüro einbinden, hängt von der Firmengröße ab. Auf jeden Fall gilt es, die Medien für sich zu nutzen.

Um die Wiedererkennbarkeit Ihres Unternehmens zu stärken, benötigen Sie zudem einen einheitlichen und unverwechselbaren Auftritt nach außen (Corporate Design).

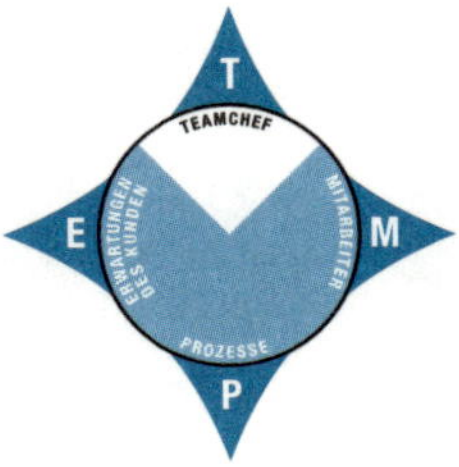

Note 6

Weder Öffentlichkeitsarbeit noch ein einheitliches Erscheinungsbild nach außen sind vorhanden.

Der Kommunikation mit dem unternehmerischen Umfeld wird keine Bedeutung beigemessen. Daher kam das Unternehmen im Laufe seiner gesamten Geschichte erst ein- bis zweimal in der Presse vor. Es existiert weder ein Logo noch ein einheitliches Design.

To do:

- *Anlässe nutzen*
  Nutzen Sie besondere Ereignisse, um die Presse anzusprechen. Zu Anlässen, über die Journalisten berichten, gehören beispielsweise das Einführen einer neuen Produktlinie, die Erweiterung des Firmengebäudes oder ein Firmenjubiläum.
- *Logo gestalten*
  Damit das Unternehmen besser wiederzuerkennen ist, machen Sie sich Gedanken über ein Logo, das auf Visitenkarten, Brief- und Faxbögen usw. verwendet wird.

Note 5

Zu besonderen Anlässen wird versucht, die Öffentlichkeit zu informieren. Ein Firmenlogo existiert, wird aber immer wieder verändert.

Zu besonderen Anlässen wie Jubiläen kommt das Unternehmen um eine Pressemitteilung nicht herum. Diese schreibt der Chef selbst.

Das Firmenlogo ist den Launen des Chefs unterworfen. So kann es sogar passieren, dass unterschiedliche Logos parallel benutzt werden.

To do:

- *Redaktionsbüro einbinden*
  Gehen Sie dazu über, bei besonderen Anlässen eine Pressemappe von Profis zusammenstellen zu lassen (Texte, Fotos). Dies wird Ihre Abdruckchancen erhöhen.
- *Logos vereinheitlichen*
  Prüfen Sie, wann das Logo zum letzten Mal verändert wurde. Einigen Sie sich auf eine Version, die konsequent eingesetzt wird.
- *Schriftarten festlegen*
  Untersuchen Sie, welche verschiedenen Schriften bei Briefen, Faxen, Angeboten usw. verwendet werden. Legen Sie eine Standardschrift fest.

Note 4

Zur sporadischen Öffentlichkeitsarbeit werden externe Profis hinzugezogen. Die Notwendigkeit eines Corporate Designs ist klar geworden.

Bei besonderen Anlässen werden Profis für die Öffentlichkeitsarbeit hinzugezogen.

Das Unternehmen erkennt, wie wichtig ein einheitlicher Auftritt nach außen ist. Noch aber wird der Aufwand (Zeit und Geld) gescheut, einen solchen zu schaffen.

Service: Anlässe für Pressearbeit finden Sie kostenlos unter www.temp-methode.de/vorlagen

To do:

- *Jahresthemenplan erarbeiten*
  Überlegen Sie, welche Unternehmensentwicklungen der kommenden zwölf Monate Anlass sein können für eine Berichterstattung. Lassen Sie für jeden Anlass eine Pressemappe erarbeiten. Diese muss alle wichtigen und interessanten Informationen enthalten. Überlegen Sie auch, wie das jeweilige Thema visualisiert werden kann. Bereiten Sie Fotos vor oder geben Sie den Journalisten vor Ort entsprechende Tipps.
- *Ganzheitliches Corporate-Design-Konzept entwickeln*
  Lassen Sie von einem Profi ein Konzept entwickeln, in dem alle wichtigen Punkte (Logo, Hausfarbe, -schrift) abgestimmt sind. Ergebnis ist ein Handbuch mit allen festgelegten Standards.

Note 3

Ein Jahresthemenplan für die Öffentlichkeitsarbeit liegt vor. Ein Corporate Design existiert.

Die Medien werden regelmäßig angesprochen. Berichtet wird über Ereignisse des normalen Geschäftsbetriebs (neue Produkte, Erweitern der Firmengebäude, Betriebsfeste usw.).

Das Corporate-Design-Konzept (Logo, Hausfarbe, -schrift) liegt in schriftlicher Form vor und wird konsequent (mindestens fünf Jahre ohne jede Veränderung) angewendet.

To do:

- *Events schaffen*
  Planen Sie medienwirksame Ereignisse, mit denen Sie auf Ihr Unternehmen aufmerksam machen können. Werden Sie z. B. Mitveranstalter von Tagungen, laden Sie Prominente und Politiker in Ihr Unternehmen ein.
- *Sponsoring betreiben*
  Engagieren Sie sich im sozialen und gesellschaftlichen Umfeld Ihres Unternehmens. Überlegen Sie dabei, ob Sie statt Geld Ihr Know-how einbringen können.
- *Corporate-Design-Konzept ausdifferenzieren*
  Entscheiden Sie, wie Sie Ihren Auftritt nach außen in den Bereichen Automarke, Kleiderordnung, Verhaltenscodex usw. handhaben.

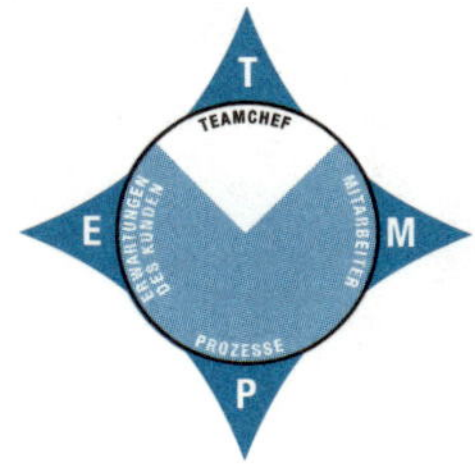

Note 2

Es werden gezielt Anlässe geschaffen, über die die Medien berichten. Das Corporate Design ist ausdifferenziert bis hin zu Feinheiten wie Corporate Wording.

Zusätzlich zu den ohnehin anfallenden Anlässen werden medienwirksame Ereignisse wie Veranstaltungen, Besuche von Politikern usw. geplant.

Das Corporate-Design-Konzept umfasst neben Logo, Hausschrift und Hausfarbe weitere Bereiche der Außenwirkung wie Automarke, Büroausstattung, Kleiderordnung, Verhaltenscodex usw.

To do:

- *Hintergrundgespräche anbieten*
  Laden Sie ausgesuchte Medienvertreter und befreundete Journalisten regelmäßig zu Hintergrundgesprächen ein. Informieren Sie diese z. B. während eines Abendessens über alle wichtigen Entwicklungen
- *Kontakte zu unterschiedlichen Gruppen pflegen*
  Suchen Sie neben der Presse auch gezielt Gelegenheiten, um mit unterschiedlichsten Gruppen ins Gespräch zu kommen (z. B. Schulen und Sportvereinen).

Note 1

Die Medienkontakte sind so entwickelt, dass die Presse auch von sich aus berichtet. Das Ansehen des Unternehmens in der Öffentlichkeit ist durchweg positiv.

Ausgesuchte Medienvertreter und befreundete Journalisten werden regelmäßig zu Hintergrundgesprächen (z. B. Kaminabend) eingeladen. Auf diese Weise sind sie über alle wichtigen Entwicklungen stets bestens informiert. Im Ergebnis berichtet die Presse auch von sich aus immer wieder über das Unternehmen.

Das ausgefeilte Corporate-Design-Konzept existiert nicht nur auf dem Papier, sondern ist von jedem Mitarbeiter verinnerlicht und wird täglich in allen Bereichen gelebt.

Tipps zum Weiterlesen

Kenneth Blanchard, Patricia Zigarmi und Drea Zigarmi: *Der Minuten-Manager: Führungsstile.* Hamburg 2002.

Kenneth Blanchard: *Erfolg und Erfüllung – Ermutigung zu einer geistlichen Reise.* Asslar 2002.

Jim Collins: *Der Weg zu den Besten.* München 2003.

Johannes Czwalina: *Karriere ohne Sinn? Der Manager zwischen Beruf, Macht und Familie.* Gräfelfing 1998.

tempus: *Jahresziele.* (Enthält die Jahresziele jedes Mitarbeiters der tempus GmbH. Zu bestellen direkt bei Dr. Jörg Knoblauch, tempus, PF 14 20, 89529 Giengen.)

Jörg Knoblauch, Johannes Hüger, Marcus Mockler: *Dem Leben Richtung geben. In drei Schritten zu einer selbstbestimmten Zukunft.* Frankfurt/New York 2003.

Jörg Knoblauch, Johannes Hüger, Marcus Mockler: *Ein Meer an Zeit. Die neue Dimension des Zeitmanagements.* Frankfurt/New York 2005.

Jörg Knoblauch: *www.ziele.de. Wie Sie Schritt für Schritt Ihre Ziele erreichen.* Offenbach 2005.

Jörg Knoblauch und Holger Wöltje: *Zeitmanagement.* Planegg/München 2007.

Gordon McDonald: *Ordne Dein Leben. Perspektiven für den Umgang mit dem Leben und der Zeit.* Asslar 2007.

Tom Peters und Robert Waterman: *Auf der Suche nach Spitzenleistungen.* Heidelberg 2006.

Lothar J. Seiwert: *Wenn Du es eilig hast, gehe langsam. Mehr Zeit in einer beschleunigten Welt.* Frankfurt/New York 2008.

Erfolgsfaktor II: Erwartungen des Kunden

Beim Erfolgsfaktor »Erwartungen des Kunden« geht es um die Bereiche Marketing, Vertrieb und Service.

»Vagabundierende« Kunden

Wenn der Kunde sich nicht äußert, weder negativ noch positiv, wiegt sich mancher Unternehmer in Sicherheit und ist von der Zufriedenheit seiner Abnehmer überzeugt. Das böse Erwachen folgt erst, wenn sich plötzlich der Wettbewerb an seinen Kunden erfreut. Geringfügig niedrigere Preise, ein wenig mehr Service oder vielleicht auch nur die nette Verkäuferin des Konkurrenten haben den Abnehmer, der sich als »vagabundierender« Kunde versteht, überzeugt.

Viele Autofahrer tanken, wenn es gerade notwendig ist.

Man ist zwar mit der Tankstelle »zufrieden«, aber die Begeisterung hält sich so in Grenzen, dass ohne Nachdenken gewechselt wird.

Der Kunde als »Fan«

Gelingt es Ihnen jedoch, die Erwartungen des Kunden stets zu übertreffen, werden Ihre Kunden zu »Fans«. Es gilt also, den Kunden immer wieder aufs Neue zu verblüffen.

Wie im Märchen »Der Hase und der Igel« gilt es, »schon da« zu sein. Was der Kunde auch will: Das Unternehmen ist »schon da«. Es ist nicht nur in der Lage, die Wünsche des Kunden zu erfüllen, sondern schafft es immer wieder, ihn positiv zu überraschen.

Die Kunden wollen den »Wow«-Effekt. Nur wenn Sie ihn bieten, schaffen Sie es, sich aus der Masse der Anbieter herauszuheben, und immunisieren sich gegen die allgemein grassierende »Krankheit« der Gleichartigkeit. Ein Beispiel ist der Motorradhersteller Harley-Davidson. Seine Kunden sind von diesem Motorrad begeistert und wirkliche Fans des Unternehmens. Die Hemmschwelle, eine andere Marke zu fahren, ist sehr hoch.

Wie entsteht jedoch Kundenzufriedenheit? Kundenzufriedenheit entsteht durch Vergleichsprozesse. Konsumenten stimmen ihre Erwartungen an ein Produkt oder eine Dienstleistung mit den tatsächlich wahrgenommenen Leistungen ab: 5,8 Liter Verbrauch auf 100 Kilometer verspricht der Autoverkäufer. Ergibt sich nach dem Kauf beim ersten Tanken ein Verbrauch von 5,8 Litern, ist die Welt in Ordnung. Sind es jedoch 6,5 Liter, ist die Enttäuschung groß. Bei 5,7 Litern ist der Autobesitzer begeistert.

Begeisterungseigenschaften machen den Unterschied

Die Kunst besteht zunächst darin, Leistungseigenschaften zu entwickeln, die den Kunden dazu bewegen, das Produkt zu kaufen. Hier geht es um Faktoren, die eindeutig messbar sind, wie beispielsweise die Höchstgeschwindigkeit eines Fahrzeugs oder der Preis für einen Flug nach New York.

Zusätzlich werden Begeisterungseigenschaften benötigt. Sie

erst geben dem Kunden das Gefühl, mehr zu bekommen als erwartet. Eine Begeisterungseigenschaft kann beispielsweise der Internetzugang im Flugzeug sein. Wird er angeboten, steigert er den Wert der Dienstleistung insgesamt stark. Wird er nicht geboten, ist der Fluggast deshalb nicht unbedingt unzufrieden.

Die abgebildete Treppe zeigt die Zusammenhänge im Bereich Erwartungen des Kunden.

Schritt für Schritt nach oben

Der erste Schritt besteht darin zu fragen: »Was können wir gut?« (Kernkompetenzen entwickeln). Dann muss festgelegt werden, wer für diese Leistungen Interesse haben könnte (Zielgruppe fokussieren). Der dritte Schritt besteht darin, an diese Leistungen eine Servicekomponente zu knüpfen (Servicequalität steigern). Jetzt hat man ein schönes Produkt. Der nächste Schritt besteht darin, immer wieder Innovationen zu bieten (Innovationsfähigkeit ausbauen). Jetzt ist die Leistung vorhanden, die immer wieder auch verbessert wird. Der nächste Schritt besteht darin, den Verkauf zu stärken und immer wieder die Kundenzufriedenheit zu messen, um sicherzustellen, dass man noch Erwartungen der Kunden erfüllt. Die überbetriebliche Aufgabe ist es, die Kundenbeziehungen zu pflegen.

Erfolgsfaktor II Erwartungen des Kunden

Geben Sie sich für jedes Handlungsfeld eine Note. Kreuzen Sie dazu in jeder Zeile ein Kästchen an, das Ihre Situation am besten beschreibt.

Datum:	Note 6	Note 5
Handlungsfeld 1 **Kernkompetenzen entwickeln**	Es sind keine Kernkompetenzen vorhanden. ☐	Kernkompetenzen sind zwar vorhanden, aber nicht bekannt. ☐
Handlungsfeld 2 **Zielgruppe fokussieren**	Das Unternehmen sieht überall potenzielle neue Kunden. ☐	Das Unternehmen kämpft um die Marktführerschaft im Gesamtmarkt der Branche. ☐
Handlungsfeld 3 **Servicequalität steigern**	Das Produkt steht im Vordergrund, es gibt keinen Service. ☐	Die Erkenntnis ist vorhanden, dass sich alle Produkte am Markt ähneln und eine Differenzierung nur über den Service möglich ist. ☐
Handlungsfeld 4 **Innovationsfähigkeit ausbauen**	Trotz des immensen Marktdrucks herrscht die Meinung: »Was gestern gut war, kann heute nicht schlecht sein.« ☐	Die Erkenntnis gewinnt an Bedeutung, dass sich Produktlebenszyklen ständig verkürzen. ☐
Handlungsfeld 5 **Verkauf stärken**	Verkauf wird nicht systematisch betrieben. Es gibt keinen Internet-Auftritt. ☐	Verkauf ist Aufgabe der Verkaufsabteilung. Website existiert, wird aber nicht gepflegt. ☐
Handlungsfeld 6 **Kundenzufriedenheit messen**	Die Kundenzufriedenheit wird nicht ermittelt. ☐	Kundenzufriedenheit ist ein Thema, über das »gesprochen« wird. ☐
Handlungsfeld 7 **Kundenbeziehungen pflegen**	Kundenbeziehungen werden nicht gepflegt. ☐	Verkauf über Druck führt oft am Bedürfnis des Kunden vorbei. ☐

Note 4	Note 3	Note 2	Note 1
Kernkompetenzen sind erkannt und stellen die Richtlinie des Handelns dar.	Die Kernkompetenzen werden ausgebaut, um auf den gegenwärtigen Märkten existieren zu können.	Die Kernkompetenzen werden ausgebaut, um auf anderen und zukünftigen Märkten existieren zu können.	Neue Kernkompetenzen werden aufgebaut, um auf zukunftsträchtigen Märkten aktiv sein zu können.
Das Unternehmen beschäftigt sich mit verschiedensten Zielgruppen und berücksichtigt zunehmend deren unterschiedliche Potenziale und Bedürfnisse.	Das Unternehmen hat eine Vorauswahl getroffen, experimentiert mit ausgewählten Zielgruppen und ermittelt ansatzweise deren Bedürfnisse.	Das Unternehmen konzentriert sich auf eine klar umrissene Zielgruppe. Die gegenwärtigen Bedürfnisse dieser Zielgruppe werden verstanden.	Das Unternehmen ist faktisch Monopolist in einer Nische und damit Zielgruppenbesitzer. Auch die zukünftigen Bedürfnisse der Zielgruppen werden erkannt.
Unternehmerischer Service gewinnt an Bedeutung (Lieferservice, Aftersales-Service, Umgang mit Fehllieferungen, Reklamationen usw.).	Persönlicher Service gewinnt an Bedeutung. Freundliche Mitarbeiter bilden den Unterschied zur Konkurrenz. Servicestandards sind festgelegt und werden laufend verbessert.	Persönlicher und unternehmerischer Service sind exzellent.	Die Serviceleistung verblüfft den Kunden immer wieder aufs Neue. Geliefert wird die volle Leistung plus1. Der Kunde sagt »Wow«.
Produktportfolios helfen, den Produktmix zu durchleuchten.	Bestehendes wird zielgruppenorientiert weiterentwickelt (kundenorientierte Lösungsvorschläge).	Bestehendes wird verbessert und gleichzeitig das »Geschäft neu erfunden«.	Das Unternehmen hat eine Fülle von neuen, innovativen Produkten und damit die »Tempo-Führerschaft« in der Branche übernommen.
Verkauf ist gemeinsame Aufgabe von Verkaufsabteilung und Führungskräften. Aktualisierte Website ist vorhanden und wird kommuniziert.	Alle Mitarbeiter verstehen sich als Unterstützer des Verkaufs. Website ist suchmaschinenoptimiert und ständig aktuell.	Zahlreiche Mitarbeiter des Unternehmens haben direkten Kundenkontakt. Website belegt bei Suchmaschinen vorderste Ränge und erzielt substanzielle Umsätze.	Auch nicht im Verkauf tätige Mitarbeiter und Kunden bringen Aufträge. Strategisches Internetmarketing wird aktiv betrieben.
Die Zufriedenheit der größten Kunden wird sporadisch ermittelt.	Die Zufriedenheit aller Kunden ist bekannt und hat Auswirkungen auf das Tagesgeschäft.	Daten über Kundenbetreuung, Kundenbeziehung und Kundenbindung liegen allen Mitarbeitern vor und stellen die Handlungsgrundlage dar.	Es besteht ein individueller Dialog mit den einzelnen Kunden. Deren Zufriedenheit wird ständig im Verhältnis zum Wettbewerb verfolgt.
Kundenbeziehungen werden sporadisch gepflegt (z. B. durch Zusendung einer Weihnachtsgrußkarte).	Es wird versucht, alle Kundenbeziehungen ohne Vorauswahl zu pflegen, was einen enormen Aufwand erfordert.	Kunden wurden in A-, B- und C-Kunden klassifiziert. A-Kunden werden durch klaren Nutzen angezogen und gewonnen. Ein Kundenbeirat wurde installiert.	Ihr Unternehmen hat Kultstatus. Begeisterte Kunden werden zu »Fans« und werben viele neue Kunden.

Erfolgsfaktor »Erwartungen des Kunden« – Handlungsfeld E 1

Kernkompetenzen entwickeln

Weiterführende Informationen: Methodenhandbuch, Methoden Nr. 3, 17

Kernkompetenzen haben für das Unternehmen zentrale Bedeutung. Um was handelt es sich?

Kernkompetenzen

- sind besondere Fähigkeiten, Fertigkeiten, Technologien,
- wurden durch langjährige Entwicklungsprozesse und Erfahrungen gewonnen,
- werden vom Kunden als einzigartig angesehen,
- sind von der Konkurrenz nicht oder nur sehr schwer zu imitieren und
- sind auf eine Vielzahl von Märkten übertragbar.

Der globale Verdrängungswettbewerb zwingt die Unternehmen, alle Kräfte auf ihre Kernkompetenzen zu konzentrieren.

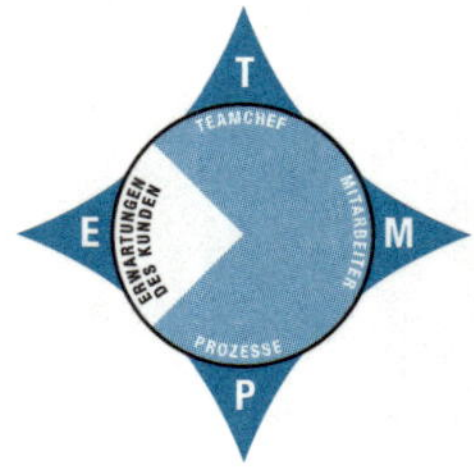

Note 6

Es sind keine Kernkompetenzen vorhanden.

Diese Unternehmen haben keinerlei Kernkompetenzen, also nichts, was sie einzigartig macht. Es ist dem Unternehmer nicht gelungen, besondere Fähigkeiten, die schwer zu imitieren oder auf eine Vielzahl von Märkten übertragbar sind, aufzubauen. Dorfschlossereien zum Beispiel reparieren Gartentore, bringen Rasenmäher wieder in Gang oder erneuern die Kirchturmuhr.

To do:

- *Analyse der Stärken und Schwächen*
  Analysieren Sie Ihre Stärken und Schwächen. Listen Sie alles auf, was Ihr Unternehmen besonders gut kann. Schreiben Sie anschließend jene Leistungen auf, welche verbesserungsbedürftig sind.
- *Vergleich mit Wettbewerbern*
  Bewerten und vergleichen Sie Ihre Stärken und Schwächen mit denen der Konkurrenz, und es wird klar, wo Sie ansetzen müssen.

Note 5

Kernkompetenzen sind zwar vorhanden, aber nicht bekannt.

Der Unternehmer ist sich seiner Kernkompetenzen nicht bewusst. Es werden Leistungen erbracht, die für den Kunden einen großen Wert haben. Jedoch konzentriert sich das Unternehmen nicht darauf, da der Unternehmer sich hierüber nicht im Klaren ist. Dafür werden zahlreiche andere Tätigkeiten durchgeführt, die zweitrangig sind.

To do:

- *Benchmarking betreiben*
  Vergleichen Sie sich mit den Besten der Branche.
- *Schlüsselpersonen definieren*
  Finden Sie heraus, wer die Know-how-Träger im eigenen Unternehmen sind.
- *Produktvorteile herausstellen*
  Was will der Kunde? Nur was der Kunde will, kann auch zur Kernkompetenz ausgebaut werden.
- *Regelmäßig Gespräche führen*
  Vor allem mit betriebsfremden Personen (Bankmitarbeiter, Vertreter der Industrie- und Handelskammer usw.) Gespräche zu führen, helfen der Betriebsblindheit vorzubeugen.

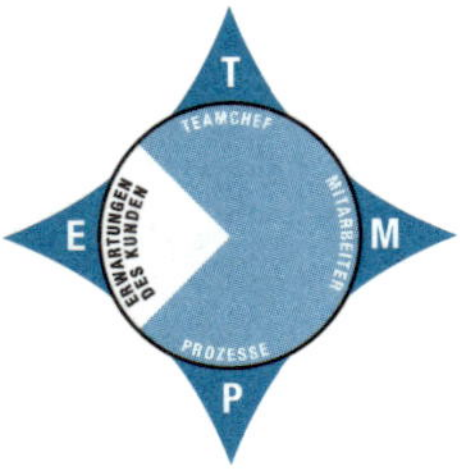

Note 4

Kernkompetenzen sind erkannt und stellen die Richtlinie des Handelns dar.

Die unternehmerischen Entscheidungen werden an den Kernkompetenzen ausgerichtet. Was man gut kann, wird selbst erledigt, andere Bereiche werden an Dritte verlagert oder gar aufgegeben. Jeder weiß: Automobilhersteller beziehen Scheinwerfer für die eigenen Autos von Zulieferern, denn Licht gehört nicht zu den Kernkompetenzen.

To do:

- *Auf Kernkompetenzen konzentrieren*
  Kümmern Sie sich um alles, was dem Kunden wichtig ist (Pfeil nach oben). Dann fragen Sie sich, inwieweit Sie dies leisten können (Pfeil nach rechts). Wo beides zusammenfällt, befindet sich Ihre Kernkompetenz.

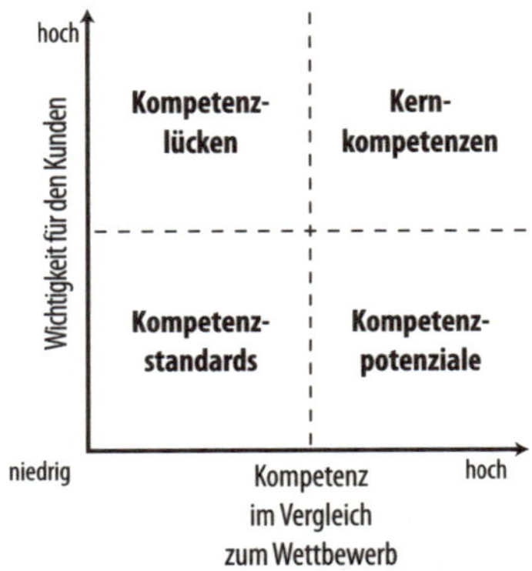

Note 3

Die Kernkompetenzen werden ausgebaut, um auf den gegenwärtigen Märkten existieren zu können.

Der Unternehmer konzentriert sich ausschließlich auf die Kernkompetenzen, um der Konkurrenz voraus zu sein. Somit bietet er einen hohen Kundennutzen und das Unternehmen hat im Vergleich zum Wettbewerb deutliche Vorteile.

Betrachten Sie die Firma Porsche: Über Jahrzehnte wurde daran gearbeitet, immer bessere straßentaugliche Sportwagen zu bauen.

To do:

- *Neue Märkte suchen*
  Überlegen Sie, wie Ihre Kernkompetenzen auf andere und zukünftige Märkte übertragen werden können.
- *Kreative Ideenfindung anwenden*
  Hilfreich ist:
  - Brainstorming am Flipchart,
  - Besuch von Messen, vor allem branchenfremden,
  - Bildung eines Kundenbeirats.

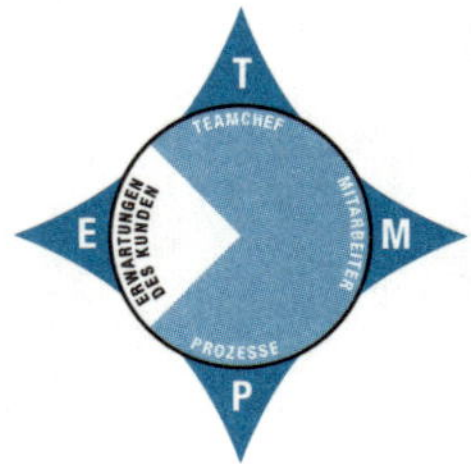

Note 2

Die Kernkompetenzen werden ausgebaut, um auf anderen und zukünftigen Märkten existieren zu können.

Die Bewertung liegt hier auf »Ausbau« der Kernkompetenzen. Neu dabei ist jedoch, dass man sich nicht wie bisher auf die bestehenden Märkte konzentriert, sondern gezielt auf neue, vor allem zukunftsträchtige Märkte. Der Autovermieter Sixt beispielsweise bietet auch die Verwaltung von Firmenfuhrparks an. Die Kernkompetenz »Verwalten und Bereitstellen von Autos« wird in einem neuen Markt benutzt.

To do:

- *Trends erkennen*
  Suchen Sie ständig nach neuen Trends und Kundenbedürfnissen. Hilfreiche Quellen hierfür sind zahlreich vorhanden: Tageszeitungen, Wirtschaftspresse und sogenannte Trendforscher wie z. B. Faith Popcorn, Tom Peters und Matthias Horx.
- *Neue Kernkompetenzen aufbauen*
  Der Aufbau (also nicht der Ausbau) neuer Kernkompetenzen setzt voraus, dass künftige Kundenbedürfnisse bekannt sind.

Note 1

Neue Kernkompetenzen werden aufgebaut, um auf zukunftsträchtigen Märkten aktiv sein zu können.

Unternehmen, die diese Note verdienen, sind in der Lage,

- neue Kernkompetenzen aufzubauen. Der Computerhersteller Apple ist Pionier auf dem Gebiet des Musikeinkaufens im Internet (itunes).
- die Bedürfnisse zukunftsträchtiger Märkte zu erkennen. Apple ist heute die Nummer eins im Markt der mp3-Player.

Ein weiteres Beispiel: Der traditionelle Gummistiefelproduzent Nokia begann, Mobiltelefone herzustellen. Auch Nokia hat somit neue Märkte mit neuen Fähigkeiten erschlossen.

Erfolgsfaktor »Erwartungen des Kunden« –
Handlungsfeld E 2

Zielgruppe fokussieren

»Unsere Konkurrenz arbeitet mit übelsten Methoden: Sie tun einfach alles, was der Kunde will!«

Weiterführende Informationen: Methodenhandbuch, Methoden Nr. 18, 19, 22

Ein sehr anschauliches Beispiel für erfolgreiche Zielgruppenfokussierung ist eine Warenhauskette, die von Kleidung über Möbel bis hin zu Haushaltsartikeln alles im Angebot hatte. Vor einigen Jahren stand die Firma kurz vor der Pleite. Die rettende Idee war schließlich, sich auf eine klar umrissene Zielgruppe zu konzentrieren: Die Käufer von Spielwaren. Das Ergebnis kennen wir alle: TOYS "R" US.

Ähnlich wie bei Sportlern ist es auch bei Unternehmen: Den großen Durchbruch und den damit verbundenen Erfolg erzielt man erst dann, wenn man sich voll und ganz auf eine Sache konzentriert. Oder haben Sie schon einmal einen erfolgreichen Marathonläufer gesehen, der gleichzeitig auch in der Weltelite der Kugelstoßer vertreten ist?

Note 6

Das Unternehmen sieht überall potenzielle neue Kunden.

Solche Unternehmen glauben, jedes Bedürfnis befriedigen zu müssen. Jeder wird als potenzieller Kunde gesehen, und so wird versucht, allen Ansprüchen gerecht zu werden. Erfahrungen dieser Art sind oft bei chinesischen Firmen zu beobachten. Die Messestände sehen teilweise wie Gemischtwarenläden aus. Zu finden sind Werkzeuge, Autozubehör, Porzellan, Schmuck und vieles mehr.

To do:

- *Markt definieren*
  Um zur nächsten Note zu kommen, bedarf es zunächst der Klärung, wie der gesamte Markt der eigenen Branche aussieht.
- *Kundengruppen bestimmen*
  Bestimmen Sie die dazugehörigen Kundengruppen. Wo bestehen Grenzen oder Überschneidungen zu anderen Branchen? Welche Produkte werden auf diesem Markt angeboten? Es geht um die Branche, für die man die meisten Produkte bieten kann, wie zum Beispiel die Werkzeugbranche oder die Freizeitbranche.

Note 5

Das Unternehmen kämpft um die Marktführerschaft im Gesamtmarkt der Branche.

Die Unternehmen kennen ihre Branche und den damit verbundenen Markt, in dem sie die Marktführerschaft anstreben. Jedoch ist der Gesamtmarkt so dimensioniert, dass eine Marktführerschaft beinahe unmöglich ist. Konkurrenten, die sich auf einzelne Zielgruppen des gesamten Marktes konzentrieren, sind durch ihre Spezialisierung wettbewerbsfähiger. Bei Lebensmittelhändlern beispielsweise kämpfen zahlreiche Ketten um den ersten Platz. Trotzdem gibt es Anbieter, die spezielle Kundengruppen erfolgreich bedienen: Drogerien, Reformhäuser, Bioläden usw.

To do:

- *Zielgruppen definieren*
  Unterteilen Sie Ihren Markt in Zielgruppen. Klassische Zielgruppen sind beispielsweise Industriekunden, Privatkunden, Hersteller, Händler usw.
- *Zielgruppen bewerten*
  Ermitteln Sie danach, welche Zielgruppe für das Unternehmen erfolgversprechend ist. Als Kriterien sind Umsatz, Bearbeitungsaufwand, Zukunftsprognosen usw. hilfreich.

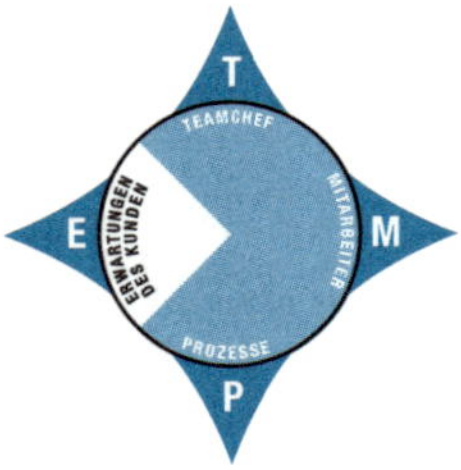

Note 4

Das Unternehmen beschäftigt sich mit verschiedensten Zielgruppen und berücksichtigt zunehmend deren unterschiedliche Potenziale und Bedürfnisse.

Unternehmen der Note 4 greifen sich aus dem Gesamtmarkt einige Zielgruppen heraus und kämpfen hier um die Marktführerschaft. Während sozusagen früher noch mit der Schrotflinte geschossen wurde, werden jetzt gezielte Schüsse abgegeben.

Service: Eine Vorlage zur Zielgruppenermittlung finden Sie kostenlos unter www.temp-methode.de/vorlagen

To do:

- *Bedürfnisse klären*
  Klären Sie anhand bereits gesammelter Erkenntnisse die Bedürfnisse und Potenziale von Kundengruppen.
- *Kernkompetenzen ermitteln*
  Ermitteln Sie Ihre Kernkompetenzen, wie im Handlungsfeld E 1 beschrieben.
- *Zielgruppen auswählen*
  Beschränken Sie Ihre Aktivitäten auf eine reduzierte Anzahl von Zielgruppen. Beachten Sie dabei, dass sich die Kundenbedürfnisse mit Ihren Kernkompetenzen decken.

Note 3

Das Unternehmen hat eine Vorauswahl getroffen, experimentiert mit ausgewählten Zielgruppen und ermittelt ansatzweise deren Bedürfnisse.

Unternehmen der Note 3 können durch eine kleine Anzahl von Zielgruppen tiefer in den Markt eindringen. Jedoch stehen sie immer noch vor dem Problem, mit ihrem Produkt unterschiedliche Bedürfnisse verschiedener Zielgruppen abdecken zu müssen. Die Firma Fischer Dübel hat die negativen Folgen durch Aufgabe des Bereichs Fischer Technik kompensiert. Fischer Technik hat Bausätze für junge Tüftler hergestellt, also eine völlig andere Zielgruppe als die der Dübelabnehmer.

To do:

- *Zielgruppen definieren*
  Kristallisieren Sie durch die immer feinere und exaktere Bewertung von Kundengruppen eine Zielgruppe heraus, für die Sie tätig sein möchten.
- *Entscheidung begründen*
  Begründen Sie Ihre Entscheidung schriftlich.
  Vorteile:
  - Schreiben zwingt zu gedanklicher Klarheit.
  - Spätere Zweifel können schnell durch Nachlesen behoben werden.

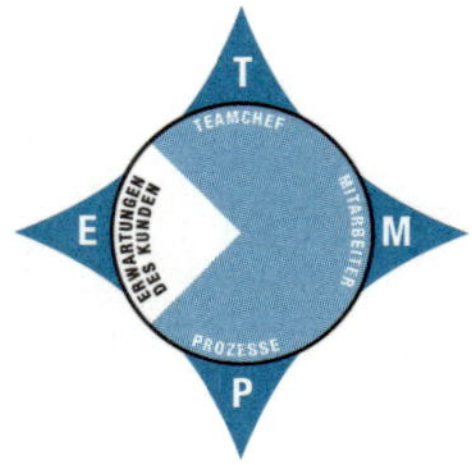

Note 2

Das Unternehmen konzentriert sich auf eine klar umrissene Zielgruppe. Die gegenwärtigen Bedürfnisse dieser Zielgruppe werden verstanden.

Ein Beispiel für solche Unternehmen sind Babyausstatter. Die Zielgruppe ist klar definiert: Kinder von null bis vier Jahren.

Diese Unternehmen sind in der Lage, tief in den Markt einzudringen. Das heißt, die Bedürfnisse ihrer speziellen Zielgruppen werden exzellent erfüllt, da man sich mit ganzer Kraft darauf konzentrieren kann. Jedoch gibt es noch weitere, ernst zu nehmende Wettbewerber.

To do:

- *Zielgruppenbesitzer werden*
  Arbeiten Sie nun daran, die speziellen Probleme Ihrer ausgewählten Zielgruppe zu lösen, und verwandeln Sie sich somit zum »Besitzer« einer Zielgruppe.
- *Zielgruppe verkleinern*
  Stellt sich das erste To do als zu komplex und schwierig heraus, sollten Sie über eine weitere Verkleinerung der Zielgruppe nachdenken.

Note 1

Das Unternehmen ist faktisch Monopolist in einer Nische und damit Zielgruppenbesitzer. Auch die zukünftigen Bedürfnisse der Zielgruppen werden erkannt.

Diese Unternehmen haben ihre Zielgruppe so weit verkleinert, dass die Bedürfnisse ihrer Kunden optimal erfüllt werden. Egal wie klein ihre Zielgruppe ist, sie müssen die Nummer eins sein, also Zielgruppenbesitzer.

Wenn bisher Marketing betrieben wurde, so steht bei Unternehmen der Note 1 Beziehungsmanagement an erster Stelle. Wurde dem Kunden bisher ein Nutzen geboten, geht es in Note 1 um individuelle Hilfe. Man kann den Kunde nun regelrecht als Partner des Unternehmens bezeichnen.

Jürgen Kurz besetzt die Nische der Optimierung der Büroorganisation und hat es so geschafft, in diesem Bereich der führende Experte zu sein (www.fuer-immer-aufgeraeumt.de).

Erfolgsfaktor »Erwartungen des Kunden« – Handlungsfeld E 3

Servicequalität steigern

Weiterführende Informationen: Methodenhandbuch, Methode Nr. 25

Produkte und Dienstleistungen werden sich immer ähnlicher und damit austauschbarer. Als Anbieter müssen Sie aus dem Schatten Ihres Wettbewerbers treten. Nur so werden Sie vom Kunden wahrgenommen.

Service macht das Produkt unverwechselbar und ist oft der ausschlaggebende Faktor bei der Kaufentscheidung. Dies zeigt eine Analyse der Beweggründe, warum Kunden zur Konkurrenz gehen (Quelle: US News & World Report):

- 3 Prozent: Umzug
- 5 Prozent: Einfluss durch Bekannte
- 9 Prozent: Abgeworben durch Konkurrenz
- 15 Prozent: Unzufriedenheit mit dem Produkt
- 68 Prozent: Mangelnder Kundenservice

Note 6

Das Produkt steht im Vordergrund, es gibt keinen Service.

Oft anzutreffen ist solch ein Unternehmen der Note 6 in einem sogenannten Verkäufermarkt, also dort, wo es mehr Nachfrage als Angebot gibt. Dies hat zur Folge, dass das Produkt oder die Dienstleistung dominiert. Die typische Arztpraxis ist ein Beispiel dafür: Lange Wartezeiten, keine Parkplätze in Praxisnähe, und außer ein paar abgegriffenen Zeitschriften gibt es keinen Service.

To do:

- *Service schaffen*
  »Was erleichtert meinem Kunden die Zusammenarbeit mit uns?« Stellen Sie sich diese Frage selbst und Ihrem Kunden.
  Im Fall einer Arztpraxis könnte man die Wartezeiten reduzieren und ein Getränkeangebot im Warteraum zur Verfügung stellen. Sollte unvorhergesehen doch eine längere Wartezeit nötig sein, dann bekommt der Patient einen »Piepser«, so dass er in der Stadt noch Besorgungen machen kann.

Note 5

Die Erkenntnis ist vorhanden, dass sich alle Produkte am Markt ähneln und eine Differenzierung nur über den Service möglich ist.

Es wird nur der Service geboten, den der Kunde erzwingt. So wird beispielsweise dem Verlangen nach schnellen Ersatzteillieferungen durch ein Lager nachgekommen. Das Anbieten von Service wird noch als allgemeines Übel angesehen. Somit ist das Unternehmen auch nicht bestrebt, große Verbesserungen zu erzielen.

To do:

- *Unternehmerischen Service entwickeln*
  Unter unternehmerischem Service verstehen wir alle Serviceleistungen, die messbar sind, wie beispielsweise die Lieferzeit. Für jedes Unternehmen gibt es individuelle Kennzahlen.
- *Servicegrößen festlegen*
  Entwickeln Sie eine Aufstellung aller messbaren Servicegrößen, die für Ihr Unternehmen wichtig sind.
- *Ziel definieren*
  Definieren Sie den Wunsch-Zustand.
- *To-do-Liste erstellen*
  Klären Sie dann, wer was wann erledigen muss, um das Ziel zu erreichen.

Note 4

Unternehmerischer Service gewinnt an Bedeutung (Lieferservice, Aftersales-Service, Umgang mit Fehllieferungen, Reklamationen usw.).

Der unternehmerische Service wird zunehmend wichtiger. Die zentralen Kennzahlen sind bekannt und werden ständig hinterfragt bzw. ergänzt. Es wird Zeit und Geld investiert, um diesen Service zu verbessern.

To do:

- *Persönlichen Service entwickeln*
  Unter persönlichem Service verstehen wir alle Serviceleistungen, die nicht direkt messbar sind, wie beispielsweise die Freundlichkeit und Höflichkeit der Mitarbeiter.
- *Servicegrößen festlegen*
  Entwickeln Sie eine Aufstellung aller nicht direkt messbaren Servicegrößen, die für Ihr Unternehmen wichtig sind (Verhalten bei Reklamationen, Anteilnahme usw.).
- *Ziel definieren*
  Definieren Sie den Wunsch-Zustand.
- *To-do-Liste erstellen*
  Klären Sie, wer was wann erledigen muss, um das Ziel zu erreichen. Wichtig ist die Schulung der Mitarbeiter.

Note 3

Persönlicher Service gewinnt an Bedeutung. Freundliche Mitarbeiter bilden den Unterschied zur Konkurrenz. Servicestandards sind festgelegt und werden laufend verbessert.

Persönlicher Service geht von den einzelnen Mitarbeitern aus und ist nur sehr schwer messbar. Ihr Verhalten wird zu einem entscheidenden Kriterium, um das eigene Unternehmen von der Konkurrenz abzuheben. Die Mitarbeiter sind zunehmend in der Lage, die Persönlichkeit und die Werte des Kunden zu erfassen, und ergreifen selbst die Initiative, um für den Kunden tätig zu werden. Ein Beispiel ist das Verhalten des Mitarbeiters bei Beschwerden.

Service: Beispiele für Servicestandards finden Sie kostenlos unter www.temp-methode.de/vorlagen

To do:

- *Kundenumfrage durchführen*
  Kundenumfragen geben wichtige Hinweise darüber, wo und wie der Service verbessert werden kann. Fragen Sie also ganz bewusst Ihre Kunden nach gewünschten Verbesserungen.
- *Standards festlegen*
  Legen Sie Servicestandards fest. Zum Beispiel: Ein Rückruf muss innerhalb von vier Stunden erfolgen.
- *Service verbessern*
  Verfeinern Sie ständig Ihren unternehmerischen und persönlichen Service.

Handlungsfeld E 3

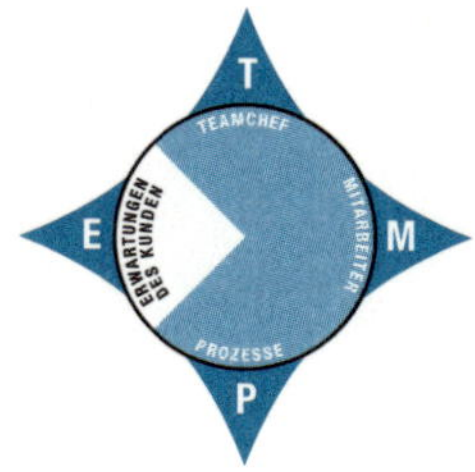

Note 2

Persönlicher und unternehmerischer Service sind exzellent.

Der gesamte Service des Unternehmens entspricht den Wünschen des Kunden. Unternehmen dieser Kategorie verstehen, was der Kunde wünscht, und können diesen Service auch nachhaltig bieten. Viele Hotelketten haben diesen Standard erreicht – der Service ist überdurchschnittlich. Jedoch fehlen die Momente, in denen der Kunde mit dem offenen Mund des Erstaunens ein »Wow« ausstößt, um dem verblüffenden Service Anerkennung zu zollen.

To do:

- *Kundeninformationen sammeln*
  Lernen Sie Ihren Kunden sehr gut kennen und halten Sie seine Vorlieben fest. Sie müssen förmlich »in den Gehirnwindungen Ihres Kunden spazieren gehen«. Erst dann werden Sie verstehen, was den Kunden positiv erstaunt.
- *Verblüffenden Service schaffen*
  Setzen Sie das Wissen über Ihre Kunden gezielt ein und schaffen Sie Serviceleistungen, mit denen Ihr Kunde nicht gerechnet hätte. Ziel ist es, den Kunden immer wieder aufs Neue zu verblüffen.

Note 1

Die Serviceleistung verblüfft den Kunden immer wieder aufs Neue. Geliefert wird die volle Leistung plus 1. Der Kunde sagt »Wow«.

Exzellenter unternehmerischer und persönlicher Service gehören zum Standard. Darüber hinaus ist es gelungen, die Kundschaft individuell mit Serviceleistungen zu verwöhnen, die den Kunden staunen lassen. Es handelt sich um zusätzliche Dienste, die man nicht erwartet hat und die aus diesem Grund zu besonderer Freude führen.

Man könnte es mit einer Torte vergleichen: Der Boden ist die notwendige Voraussetzung, die Füllung des Kuchens ist der beschriebene unternehmerische und persönliche Service. Die Sahnehäubchen und die Dekoration jedoch sorgen für den »Wow«-Effekt.

Klaus Kobjoll legt in seinem Tagungshotel »Schindlerhof« etwa Wetterberichte ins Zimmer, stellt Pfeifenaschenbecher für Pfeifenraucher zur Verfügung und bietet einen Leihservice für Sonnenbrillen. Und noch mehr: Ein Gast, der in einem Buch der eigenen Zimmerbibliothek las, findet bei seinem nächsten Besuch dasselbe Buch wieder vor. Und zwar ist genau die Seite aufgeschlagen, bei der letztens aufgehört wurde zu lesen.

Erfolgsfaktor »Erwartungen des Kunden« – Handlungsfeld E 4

Innovationsfähigkeit ausbauen

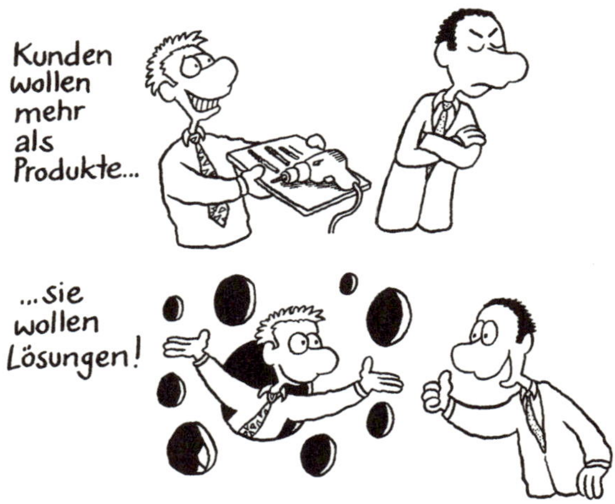

Weiterführende Informationen: Methodenhandbuch, Methoden Nr. 19, 22

Jedes Produkt und jede Dienstleistung unterliegen einem Produktlebenszyklus. Das heißt:

- es gibt eine Entstehungsphase,
- eine Wachstumsphase,
- eine Reifephase,
- eine Sättigungsphase und
- eine Degenerationsphase.

Demzufolge hat alles einmal sein Ende: Produkte sterben, Neues entsteht. Denken Sie an den Schallplattenspieler. Er hat alle Phasen durchlaufen und ist durch den CD-Player ersetzt worden. Oder das Telex: Seit dem Siegeszug der Faxmaschinen sind die Telexgeräte bedeutungslos geworden.

Derzeitige Produktlebenszyklen dauern etwa:

- 3 Jahre bei Produkten,
- 1,5 Jahre bei Dienstleistungen,
- 6 Monate bei Internetdiensten.

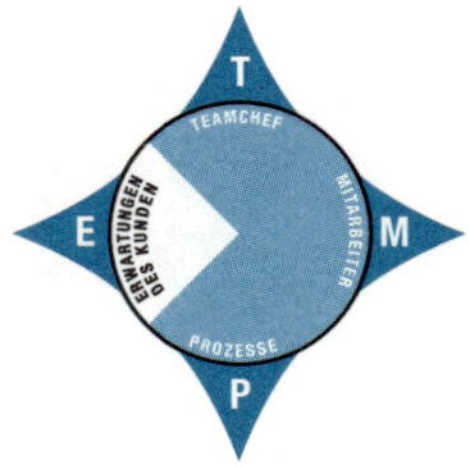

Note 6

Trotz des immensen Marktdrucks herrscht die Meinung: »Was gestern gut war, kann heute nicht schlecht sein.«

Das Unternehmen hält an Bestehendem fest und verschließt sich neuen Ideen und Möglichkeiten. Bei einer solchen Einstellung fallen uns vielleicht manche Kirchen, Kommunen oder Behörden ein. Sie verlieren Mitglieder und Kunden, stehen zunehmend unter öffentlicher Kritik, und dennoch zeigen sie keinen Willen, traditionelle Wege zu verlassen.

To do:

- *Produktlebenszyklus erkennen*
  Beschäftigen Sie sich mit Produktlebenszyklen. Zunächst muss erkannt werden, dass die Produktlebenszyklen früher wesentlich länger waren, als sie es heute sind. Spielzeug hatte früher einen Lebenszyklus von 14 Jahren, heute sind es etwa drei Jahre.
- *Eigenen Produktlebenszyklus definieren*
  Zeichnen Sie Ihre eigene Produktlebenskurve. Befinden Sie sich in der Entstehungsphase, der Wachstumsphase, der Reifephase oder in der Sättigungsphase? Wie lange wird es noch dauern, bis die Sättigung eintritt?

Note 5

Die Erkenntnis gewinnt an Bedeutung, dass sich Produktlebenszyklen ständig verkürzen.

Es ist klar, dass jedes Produkt und jede Dienstleistung einen Lebenszyklus hat und sich dieser ständig verkürzt. Um langfristig überleben zu können, sind Innovationen notwendig. Vorschläge sind generell erwünscht.

To do:

- *Marktfähigkeit überprüfen*
  Überprüfen Sie die Marktfähigkeit aktueller Produkte durch die sogenannte Portfoliotechnik. Wo ist Ihr Produkt einzustufen?
- *Konsequenzen ableiten*
  - »Fragezeichenprodukte«:Anstrengungen verdoppeln oder aufgeben
  - »Stars«: Marktposition ausbauen
  - »Milchkühe«: »Melken«
  - »Arme Hunde«: Aussterben lassen

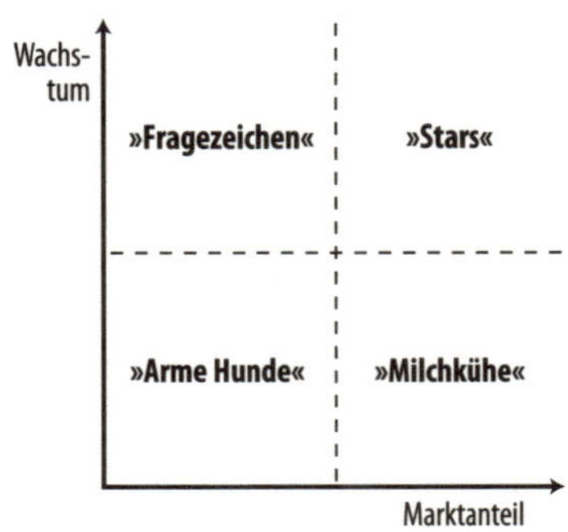

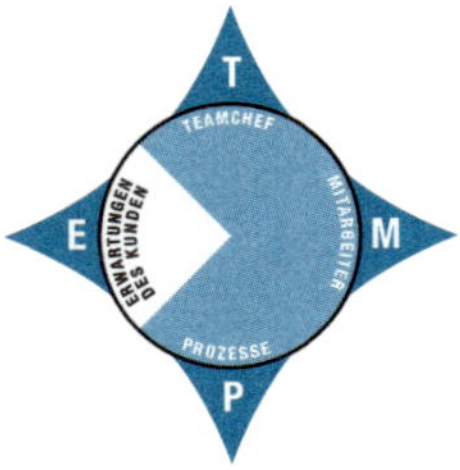

Note 4

Produktportfolios helfen, den Produktmix zu durchleuchten.

Es wurde erkannt, dass vorhandene Produkte und Dienstleistungen verbessert werden müssen, um den Lebenszyklus zu verlängern. Jedoch erfolgen die Verbesserungen ohne System oder Entscheidungsrichtlinien. Es ist auf Zufälle zurückzuführen, wenn es Ideen oder Veränderungen gibt.

To do:

- *G-Teams gründen*
  Bilden Sie ein sogenanntes Gegenwarts-Team, um Bestehendes systematisch zu verbessern.
- *Bestehendes verbessern*
  Suchen Sie mit dem G-Team nach Antworten auf die folgenden Fragen:
  - Wer sind unsere jetzigen Kunden? Warum kaufen sie bei uns und nicht bei der Konkurrenz?
  - Verändern sich die Bedürfnisse unserer Kunden? Wenn ja: Wie können wir diese Veränderungen zu unserem Vorteil nutzen?
  - Wer sind unsere derzeitigen Konkurrenten? Warum werden sie von den Kunden bevorzugt?
  - Wie können wir die Bindung zu unseren wichtigsten Kunden und Geschäftspartnern stärken?

Note 3

Bestehendes wird zielgruppenorientiert weiterentwickelt (kundenorientierte Lösungsvorschläge).

Die Arbeit des G-Teams ist fest in das Unternehmensgeschehen eingebunden: Bei regelmäßigen Treffen werden Aktionspläne zur Verbesserung bestehender Produkte ausgearbeitet. Dabei werden die unterschiedlichen Zielgruppen berücksichtigt.

To do:

- *Zukunft gestalten*
  Es reicht nicht aus, nur Bestehendes zu verbessern. Beginnen Sie, sich mit der langfristigen Zukunft des Unternehmens auseinanderzusetzen. Was wollen Sie in zehn Jahren erreicht haben?
- *Z-Teams gründen*
  Noch während der Wachstumsphase bestehender Produkte müssen Zukunft-Teams (Z-Teams) sich Gedanken über die zukünftigen Geschäftsfelder des Unternehmens machen. Bilden Sie ein Z-Team und ermitteln Sie:
  - Chancen und Risiken der Zukunft,
  - zukünftige Innovationen,
  - Kernkompetenzen, die in der Zukunft gewinnbringend eingesetzt werden.

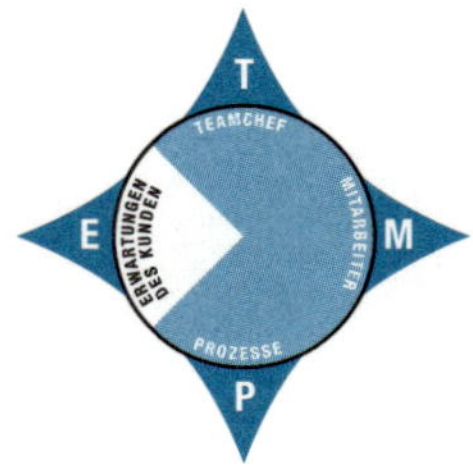

Note 2

Bestehendes wird verbessert und gleichzeitig das »Geschäft neu erfunden«.

In solchen Unternehmen gibt es funktionierende G- und Z-Teams:

- Es wird daran gearbeitet, den Lebenszyklus bestehender Produkte zu verlängern. Hier sitzen die Realisten und gewissenhaften Mitarbeiter.
- Gleichzeitig wird an neuen Produkten und Dienstleistungen gearbeitet, die die Zukunft des Unternehmens sichern sollen. Meist wird diese Aufgabe den »Träumern« und Vordenkern des Unternehmens übertragen.

Besonders innovationsfreundlich ist z. B. die US-amerikanische Firma 3M, die ihre Kunden ständig mit Neuigkeiten verblüfft (z. B. Post-it).

To do:

- *Innovationsfreundliches Klima schaffen*
  - Setzen Sie Mitarbeiter gemäß ihrer Stärken ein.
  - Lassen Sie keine Zweifel daran, dass neue Ideen gewünscht sind.
  - Fehler müssen erlaubt sein.
- *Vorschlagswesen einführen*
  Installieren und fördern Sie ein betriebliches Vorschlagswesen (vgl. auch Handlungsfeld M 2).

Note 1

Das Unternehmen hat eine Fülle von neuen, innovativen Produkten und damit die »Tempo-Führerschaft« in der Branche übernommen.

Es ist gelungen, die Mitarbeiter als ständigen Motor für neue Ideen und Verbesserungen zu gewinnen. Der Prozess ist so durchgängig im Unternehmen verankert, dass ständig eine Fülle von neuen Produkten präsentiert werden kann. Dadurch ist es gelungen, sich einen entscheidenden Vorsprung vor den Wettbewerbern zu verschaffen.

Durch die schnelle unbürokratische Umsetzung der Innovationen ist man am Markt immer eine Nasenlänge voraus und sichert sich so die Tempoführerschaft (Time to market).

Die Hersteller von Mobiltelefonen z. B. übertrumpfen sich ständig mit neuen Ideen:

- E-Mails empfangen und senden,
- Internetzugang,
- integrierte mp3-Player,
- eingebaute Navigationsfunktion.

Dies sind nur einige Beispiele, die zeigen, wie Spitzenfirmen ihr Geschäft immer wieder neu erfinden.

Erfolgsfaktor »Erwartungen des Kunden« – Handlungsfeld E 5

Verkauf stärken

Weiterführende Informationen: Methodenhandbuch, Methoden Nr. 21, 24

Die Welt, in der wir leben, hat ein beherrschendes Phänomen: »Too much of everything.« amazon liefert uns über eine Million Bücher innerhalb weniger Stunden, eBay hat eine praktisch unbeschränkte Auswahl von Artikeln, und die Billigflieger erschließen uns ständig neue Ziele. Es gibt einfach von allem viel zu viel und stellt uns vor unendliche Wahlmöglichkeiten.

Keine Frage, dass unter solchen Umständen der Verkauf zum zentralen Engpass wird. Kein Zufall, dass in modern geführten Firmen sich jeder Mitarbeiter als Unterstützer des Verkaufs versteht.

Auch Ihre Website kann da einen signifikanten Beitrag leisten. 365 Tage im Jahr und 24 Stunden am Tag. Interessenten über das Internet zu gewinnen und zum Kauf zu bewegen ist das große Thema in der Zukunft.

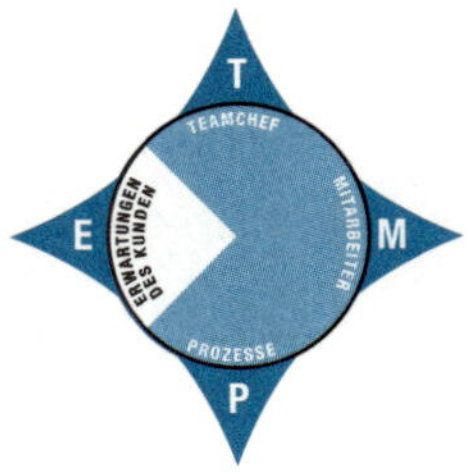

Note 6

Verkauf wird nicht systematisch betrieben. Es gibt keinen Internetauftritt.

Im Unternehmen gibt es keinen Verkäufer. Nur der Kunde, der nachfragt, erhält das Produkt oder die Dienstleistung (Holschuld des Kunden).

Das Internet spielt keine Rolle, so gibt es zum Beispiel keine eigene Website. Ein Beispiel sind Privatpensionen, die oft an bekannten Urlaubsorten oder in unmittelbarer Nähe zu Kliniken Zimmer vermieten. Außer einem kleinen Schild »Zimmer frei« wird kein Verkauf betrieben.

To do:

- *Verkauf aufbauen*
  Bestimmen Sie eine oder mehrere Personen, die für den Verkauf der Produkte und Dienstleistungen zuständig sind.
- *Kunden kontaktieren*
  Das Ziel der neuen Abteilung ist es, aktiv potenzielle Kunden zu kontaktieren.
- *Website erstellen*
  Wählen Sie einen selbstsprechenden Domainnamen (zum Beispiel www.tempus-akademie.de) und erstellen Sie mit einer Internetagentur Ihre eigene Website.

Note 5

Verkauf ist Aufgabe der Verkaufsabteilung. Website existiert, wird aber nicht gepflegt.

Um Aufträge zu bekommen, bedient sich die dafür gegründete Verkaufsabteilung unterschiedlicher Instrumente:

- Werbung,
- Mailings,
- Kundenbesuche usw.

Jedoch sieht sich außerhalb des Verkaufs keiner für die Kunden verantwortlich.

Eine Website ist online, hat jedoch zahlreiche Schwächen, wie zum Beispiel Schreibfehler, veraltete Daten und Termine usw.

To do:

- *Führungskräfte einbinden*
  Sorgen Sie dafür, dass jede Führungskraft zumindest teilweise in den Verkauf integriert ist.
- *Kundenkontakt herstellen*
  Stellen Sie sicher, dass die Führungskräfte regelmäßigen Kontakt zum Kunden haben, beispielsweise durch den Besuch von Messen.
- *Website pflegen*
  Aktualisieren Sie in regelmäßigen Abständen Ihren Internetauftritt und stellen Sie sicher, dass der Domainname auf allen wichtigen Dokumenten (zum Beispiel Briefpapier) erscheint.

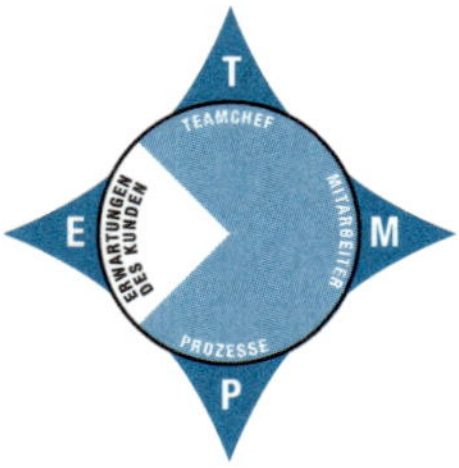

Note 4

Verkauf ist gemeinsame Aufgabe von Verkaufsabteilung und Führungskräften. Aktualisierte Website ist vorhanden und wird kommuniziert.

Durch die Integration der Teamchefs in den Verkauf sind die Bedürfnisse der Kunden bekannt. Die damit verbundenen Herausforderungen beeinflussen die Entscheidungen der Führungskräfte und formen das Unternehmen.

Beispielsweise könnte das so aussehen: Alle Führungskräfte besuchen jährlich die wichtigste Messe ihrer Branche, nur um mit den Kunden zu reden.

To do:

- *Weitere Mitarbeiter in die Belange des Verkaufs einbeziehen*
  Führen Sie weitere Mitarbeiter (Schlüsselpersonen wie Meister usw.) an die Thematik des Verkaufs heran.
- *Verständnis wecken*
  Wecken Sie in allen das Verständnis, dass der Kunde König ist und letztlich er es ist, der das Gehalt bezahlt. Deshalb ist es wichtig, den Verkauf zu unterstützen, wo es nur geht.
- *Suchmaschinenoptimierung*
  Installieren Sie eine suchmaschinenoptimierte Homepage.

Note 3

Alle Mitarbeiter verstehen sich als Unterstützer des Verkaufs. Website ist suchmaschinenoptimiert und ständig aktuell.

In der ganzen Firma ist bekannt: Nicht der Vorgesetzte ist der Chef, sondern der Kunde. Er steht folglich in der Hierarchie ganz oben. Ihm »unterstellt« ist der Verkauf. Um zufriedene Kunden zu bekommen, sieht sich deshalb jeder verpflichtet, den Verkauf so gut es geht zu unterstützen. In solchen Unternehmen bestimmt dann nicht mehr der Teamchef, wann Feierabend ist, sondern die Auftragslage, also der Kunde. Die Website wird ständig aktualisiert und die Wichtigkeit der Suchmaschinenoptimierung ist erkannt worden.

To do:

- *Kundenkontakt fördern*
  Sorgen Sie dafür, dass Mitarbeiter Kontakt mit Kunden haben:
  - Bauen Sie Hierarchien ab.
  - Fördern Sie den »kleinen Dienstweg«.
  - Geben Sie Verantwortung ab.
- *Organigramm ändern*
  Stellen Sie den Kunden in den Mittelpunkt Ihres Organigramms.
- *Suchmaschinenoptimierung*
  Verbessern Sie mithilfe von Internetexperten Ihr Ranking bei Suchmaschinen.
- *Bedienungsfreundlichkeit*
  Stellen Sie sicher, dass Ihre Website bedienerfreundlich ist.

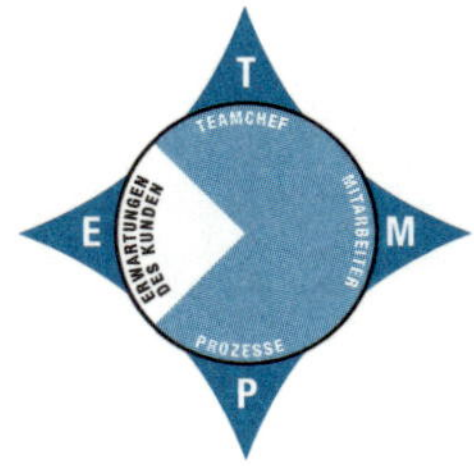

Note 2

Zahlreiche Mitarbeiter des Unternehmens haben direkten Kundenkontakt. Website belegt bei Suchmaschinen vorderste Ränge und erzielt substanzielle Umsätze.

Es gibt keine Hierarchien mehr, die es den einzelnen Mitarbeitern unmöglich machen, direkten Kontakt zum Abnehmer herzustellen. Beispielsweise tritt nicht nur der Verkäufer bei Reklamationen mit dem Kunden in Kontakt, sondern auch der jeweilige Meister der Abteilung, in der der Fehler entstanden ist. Die Website belegt bei Suchmaschinen die vordersten Ränge und erzielt substanzielle Umsätze.

To do:

- *Mitarbeiter zu Verkäufern machen*
  Machen Sie Ihren Mitarbeitern klar, dass jeder von ihnen Einfluss auf den Kunden und damit auf die Aufträge hat. Schulen Sie Ihre Mitarbeiter, Potenzial für Aufträge zu erkennen und zu nutzen.
- *Kunden zu Verkäufern machen*
  Bitten Sie Ihre Kunden, Sie weiterzuempfehlen. Prüfen Sie das Instrument »Kunden werben Kunden«.
- *Internetmarketing*
  Beschäftigen Sie sich mit den vielfältigen Möglichkeiten des Internetmarketings. Ein gut gemachter regelmäßig erscheinender Newsletter ergänzt Ihren Marketingmix.

Note 1

Auch nicht im Verkauf tätige Mitarbeiter und Kunden bringen Aufträge. Strategisches Internetmarketing wird aktiv betrieben.

Jeder Mitarbeiter versteht sich als Vertreter des Unternehmens. Sein Handeln ist stets darauf ausgerichtet, dem Unternehmen auch in Form von Aufträgen Nutzen zu bringen.

Von der Leistung des Unternehmens überzeugt, empfehlen auch die Kunden das Unternehmen weiter. Dies geht so weit, dass bestehende Kunden neue Kunden werben. Auf diese Weise weitet sich der Kundenstamm lawinenartig aus.

Anwender des tempus-Zeitplansystems erklären Freunden und Bekannten beispielsweise gern ihren Organizer und die zahlreichen damit verbundenen Vorteile. Die Möglichkeiten des Internetmarketings werden nicht nur optimal ausgeschöpft, sonderen Ihre Wettbewerber sehen Sie auf diesem Gebiet als Benchmark an. Beispiele dafür sind Affiliate-Marketing (Verkauf auf anderen Websites gegen Provision) und Virales Marketing (zum Beispiel Moorhuhn-Spiel von Johnnie Walker).

Erfolgsfaktor »Erwartungen des Kunden« – Handlungsfeld E 6

Kundenzufriedenheit messen

Weiterführende Informationen: Methodenhandbuch, Methoden Nr. 15, 20, 26

Wer überzeugte Kunden hat, hat zahlreiche Vorteile. Zufriedene Kunden

- geben mehr Geld pro Einkauf aus,
- kommen häufiger und bieten somit öfter Verkaufschancen,
- nutzen mehr Leistungen eines Anbieters,
- bleiben länger ihrem Anbieter treu,
- denken seltener über Wechsel nach,
- haben weniger Zweitanbieter,
- sind weniger preissensibel und
- empfehlen aktiv weiter.

All dies sind gute Gründe, zu ermitteln, wie der Kunde über Ihre Leistung denkt.

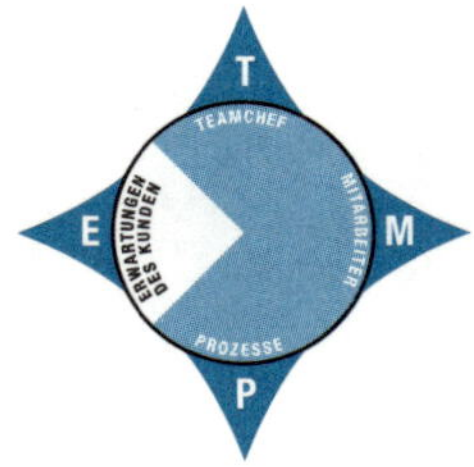

Note 6

Die Kundenzufriedenheit wird nicht ermittelt.

Es ist den Unternehmern nicht bewusst, dass die Kundenzufriedenheit maßgebliche Auswirkungen auf den Geschäftserfolg hat. Die Beschäftigung mit dem Urteil des Abnehmers gilt als Zeitverschwendung. Da man glaubt, sie sei nicht messbar, wird die Kundenzufriedenheit gar nicht ermittelt. Beispielsweise gehen Gerichte, Behörden und die Kirche so vor.

To do:

- *Auseinandersetzung mit dem Thema »Kundenzufriedenheit«*
  Werden Sie sich bewusst, dass Kundenzufriedenheit nichts anderes ist als ein Vergleichsprozess. Jeder Mensch wägt zwischen seinen Erwartungen und den wahrgenommenen Leistungen ab. Dabei werden die eigenen Erwartungen durch individuelles Anspruchsniveau, das Leistungsversprechen des Anbieters und Ähnliches gespeist. Die wahrgenommenen Leistungen sind dann die aktuellen Erfahrungen mit dem Produkt oder der Dienstleistung.

Note 5

Kundenzufriedenheit ist ein Thema, über das »gesprochen« wird.

Eine Kundenumfrage findet nicht statt. Deshalb kann man die Zufriedenheit der Kundschaft auch nicht belegen. Die Verantwortlichen solcher Unternehmen neigen jedoch häufig zur Behauptung, die Zufriedenheit auch ohne Umfrage einschätzen zu können. Man verlässt sich dabei auf sein Bauchgefühl. Erfahrungen haben gezeigt, dass man hier jedoch gewaltig irren kann. Meist schätzt man sich besser ein, als man tatsächlich ist.

Handwerker beispielsweise messen die Zufriedenheit ihrer Kunden in aller Regel nicht. Beinahe 100 Prozent sind sich jedoch sicher, dass der Kunde ihre Leistung als gut einschätzt.

To do:

- *Fragebogen ausarbeiten*
  Arbeiten Sie einen einfachen Fragebogen mit maximal zehn Fragen aus.
- *Kundenumfragen durchführen*
  Verschicken Sie den Bogen an Ihre wichtigsten Kunden und werten Sie das Ergebnis aus. Der Aufwand hält sich in Grenzen und wird Ihnen die Augen öffnen.

Service: Einen Beispiel-Fragebogen finden Sie kostenlos unter www.temp-methode.de/vorlagen

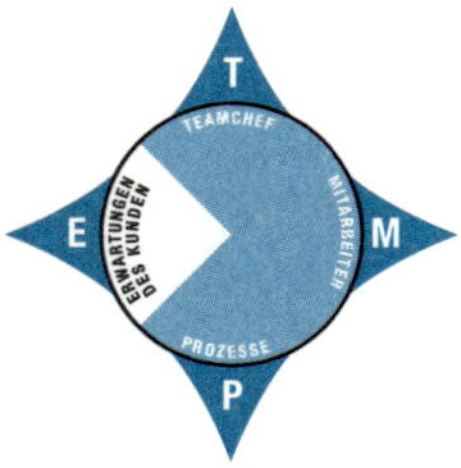

Note 4

Die Zufriedenheit der größten Kunden wird sporadisch ermittelt.

Eher zufällig wird die Kundenzufriedenheit mittels Fragebögen ermittelt. Diese weichen bei jeder Befragung voneinander ab. Dadurch sind die Ergebnisse kaum vergleichbar. Die Rücklaufquote der von vornherein auf wenige Abnehmer beschränkten Aktion ist gering.

To do:

- *Befragungsform festlegen*
  - *Telefonische Befragung:* Hohe Antwortrate, großer Zeitaufwand.
  - *Schriftliche Befragung:* Geringe Kosten, hohe Objektivität der Ergebnisse, geringe Antwortrate.
  - *Persönliches Interview:* Antwortrate sehr hoch, Kosten enorm, Objektivität nicht garantiert.
- *Kundenkreis festlegen*
  Möglichst alle Kunden befragen. Gelingt dies nicht, konzentrieren Sie sich auf Ihre wichtigsten Kunden.
- *Befragungsintervall festlegen*
  Meist ist eine jährliche Befragung sinnvoll.
- *Auswertung erstellen*
  Erarbeiten Sie aus den erhaltenen Informationen eine To-do-Liste, um das Tagesgeschäft positiv zu beeinflussen und somit die Kundenzufriedenheit zu erhöhen.

Note 3

Die Zufriedenheit aller Kunden ist bekannt und hat Auswirkungen auf das Tagesgeschäft.

Die Auswertung der regelmäßig stattfindenden Umfrage aller Kunden liegt vor. Durch die Verwendung der immer gleichen Fragen ist es möglich, über mehrere Jahre Tendenzen zu erkennen.

Ein wichtiger Punkt ist die Festlegung von Standards mit dem Ziel, die Kundenzufriedenheit zu erhöhen. Hat sich bei der Umfrage beispielsweise gezeigt, dass die Kunden zu lange auf eine Antwort warten müssen, wird festgelegt:

- Das Telefon darf nur zweimal klingeln.
- Jedes Fax muss innerhalb von 24 Stunden beantwortet werden.

To do:

- *Paradigmenwechsel herstellen*
  Wichtig ist, dass Ihr Team Kundenzufriedenheit als Mission und eigentliches Ziel der Firma erkennt. Initiieren Sie einen Paradigmenwechsel, also eine Änderung der Sichtweise: Der Kunde ist der eigentliche Chef. Begeistert man ihn, hilft man dem Unternehmen, erfolgreich zu sein.

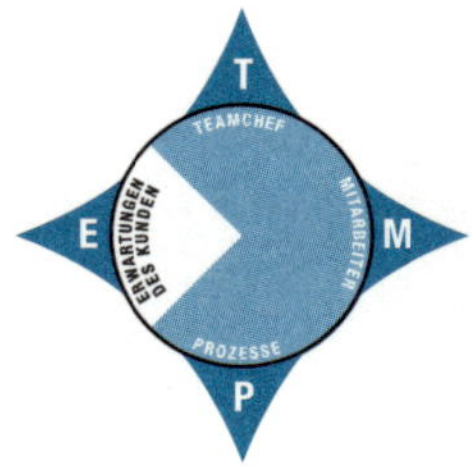

Note 2

Daten über Kundenbetreuung, Kundenbeziehung und Kundenbindung liegen allen Mitarbeitern vor und stellen die Handlungsgrundlage dar.

Bei der Note 3 ist bekannt, wie der Kunde über das Unternehmen denkt. Im Notenfeld 2 sind zusätzlich auch die Erwartungen des Kunden bekannt. Die Wünsche des Kunden stehen ständig vor Augen. Das Ziel, diese Wünsche zu befriedigen, stellt die Handlungsgrundlage aller Tätigkeiten eines jeden Mitarbeiters dar.

To do:

- *Individueller Dialog mit den einzelnen Kunden*
  Sehen Sie Ihre Abnehmer nicht mehr als homogene Masse. Was hinter jedem Kunden steckt, ist ein Individuum, das nach persönlicher Anerkennung sucht. Suchen Sie deshalb den individuellen Dialog mit den einzelnen Kunden.
- *Kundendatenbank aufbauen*
  Nutzen Sie ein CRM-System, das Ihnen die Archivierung und den schnellen Zugriff auf alle wichtigen Kundendaten ermöglicht.

Note 1

Es besteht ein individueller Dialog mit den einzelnen Kunden. Deren Zufriedenheit wird ständig im Verhältnis zum Wettbewerb verfolgt.

Jeder Kunde hat das Gefühl, der wichtigste zu sein. Durch ein perfekt funktionierendes Datenbanksystem verfügt das Unternehmen innerhalb kurzer Zeit über eine Vielzahl von Informationen über jeden einzelnen Kunden. Dadurch ist es möglich, gezielt die Zufriedenheit zu verfolgen und – was noch viel wichtiger ist – zu erhöhen.

Im »Schindlerhof« – einem Tagungshotel nahe Nürnberg – hat man für alle Großkunden eine Datenbank, in der die Vorlieben der Kunden gespeichert werden (s. auch Seite 99).

Erfolgsfaktor »Erwartungen des Kunden« –
Handlungsfeld E 7

Kundenbeziehungen pflegen

Weiterführende Informationen: Methodenhandbuch, Methoden Nr. 22, 23, 24

Ein an Bedeutung zunehmendes Unterscheidungsmerkmal ist die Kundenbeziehung. Gemeint ist hier die Qualität des persönlichen Kontakts zum Kunden. Das Ziel ist eine für den Kunden angenehme und für ihn bestnützliche Verbindung mit Ihrem Unternehmen, so dass er »automatisch« bei Ihnen kaufen wird.

Haben Sie sich schon mal in Korea Schuhe anfertigen lassen? Dann ist vielleicht auch Ihnen schon Folgendes passiert: Der Schuster ist innerhalb von zwei Tagen mit seiner Arbeit fertig, und Sie freuen sich über Ihre neuen Schuhe. Monate später ist die Überraschung perfekt, als Sie zum Geburtstag ein Schreiben des Schusters aus Korea bekommen. Er gratuliert Ihnen und erwähnt am Rande, dass er Ihre Maße gespeichert hat. Er würde sich sehr freuen, bei Ihrem nächsten Besuch wieder für Sie arbeiten zu dürfen. Beispielhaft pflegt dieser Schuster seine Kundenbeziehungen.

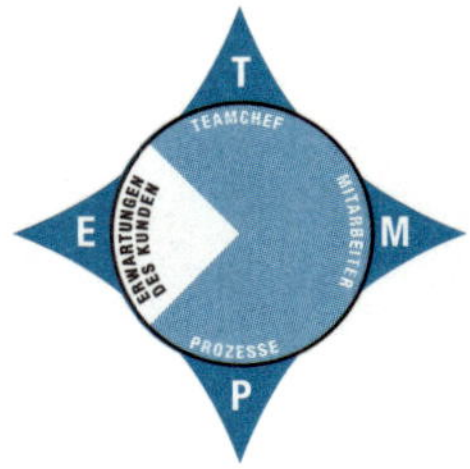

Note 6

Kundenbeziehungen werden nicht gepflegt.

Es gibt keine Aktivitäten, die den Kunden an das Unternehmen binden oder den Kontakt aufrechterhalten. Die Firma verlässt sich darauf, dass der Kunde den Weg zum Unternehmen immer wieder selbst findet. Bei schlechten Hotels beispielsweise ist der Kunde nach dem Verlassen des Hauses vergessen. Er erhält nie Werbung, Informationen oder gar Geburtstagsgrüße.

To do:

- *Kundendaten sammeln*
  Beginnen Sie, Adressen und die wichtigsten Informationen über Ihre Kunden zu archivieren. Für den Anfang sind Adressverwaltungsprogramme sehr hilfreich.
- *Kunden kontaktieren*
  Greifen Sie auf die Kundendaten zurück und nutzen Sie sie, um dem Kunden etwas zu verkaufen. Dies kann in Form von Werbung oder direktem Kontakt erfolgen.

Note 5

Verkauf über Druck führt oft am Bedürfnis des Kunden vorbei.

Die Kontakte der Verkäufer mit den Kunden haben das Ziel, unbedingt etwas verkaufen zu wollen. Auch wenn das Angebot nicht den Bedürfnissen entspricht, wird die Ware an den Mann gebracht. Langfristige Kundenbindung spielt keine Rolle. Nur der kurzfristige Verkaufserfolg zählt.

So versuchen Drückerkolonnen, ungebeten Zeitschriftenabos an der Haustür zu verkaufen. Ein anderes Beispiel: Von Versicherungsbüros werden oft Adressen gesammelt oder gekauft, um Menschen eine Versicherung aufzudrängen, die sie sonst nie abgeschlossen hätten.

To do:

- *Langfristige Kundenbeziehung aufbauen*
  Streben Sie eine langfristige Beziehung zum Kunden an. Versuchen Sie nicht, etwas zu verkaufen, was der Kunde nicht will.
- *In Verbindung bleiben*
  Pflegen Sie den Kontakt auf Messen oder verschicken Sie beispielsweise Geburtstags- und Weihnachtskarten. Nutzen Sie also Kontaktmöglichkeiten, die nicht den Verkauf von Produkten in den Vordergrund stellen.

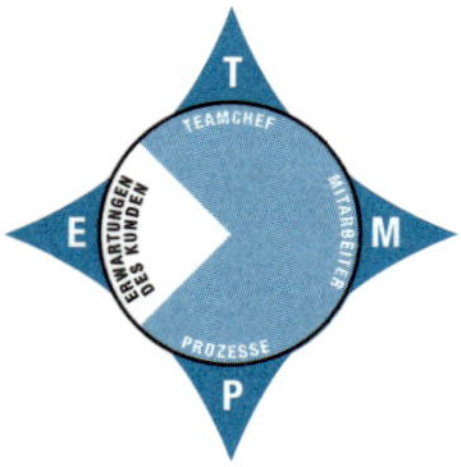

Note 4

Kundenbeziehungen werden sporadisch gepflegt (z. B. durch Zusendung einer Weihnachtsgrußkarte).

Das Unternehmen pflegt den Kontakt zum Kunden durch Anrufe, Geburtstagskarten oder Treffen auf Messen und Veranstaltungen. Jedoch ist die Vorgehensweise nicht systematisch. Es kommt immer wieder vor, dass wichtige Kunden vergessen werden oder das Intervall der Kontakte nicht stimmt. Die Pflege der Kunden erfolgt eher zufällig.

Ein Autohaus verschickt z. B. in völlig unregelmäßigen Abständen Einladungen zur Präsentation neuer Fahrzeugtypen.

To do:

- *Kundenkreis definieren*
  Legen Sie fest, wer durch Ihre Werbung erreicht werden soll. Je kleiner die Zielgruppe ist, desto effektiver kann die Werbung gestaltet werden.
- *Werbeplan erstellen*
  Legen Sie fest, was wann und wie durchgeführt werden soll.
- *Hilfe von Profis beanspruchen*
  Wägen Sie ab, ob Werbeprofis Ihnen behilflich sein können, um den Erfolg erheblich zu steigern.

Note 3

Es wird versucht, alle Kundenbeziehungen ohne Vorauswahl zu pflegen, was einen enormen Aufwand erfordert.

Das Unternehmen investiert viel Geld in die klassische Werbung, um die Produkte in den Markt zu drücken. Werbeagenturen helfen dabei. Sie sind jedoch wenig über die Produkte und den Kundenkreis informiert. Dadurch sind die Aktionen weit gestreut und wenig erfolgreich. Es herrscht die Meinung: Je mehr Werbung, desto mehr Erfolg.

Zudem werden alle Kunden über einen Kamm geschoren – egal, ob sie viel oder wenig Umsatz bringen, egal, ob sie gut oder schlecht zu Ihnen passen.

To do:

- *Klassifizieren Sie Ihre Kunden*
  - *A-Kunden:* hoher Umsatz bzw. hohes Umsatzpotenzial
  - *B-Kunden:* bilden oft das breite Mittelfeld
  - *C-Kunden:* spielen eine nur untergeordnete Rolle
- *Kundenbeirat installieren*
  Machen Sie Ihre wichtigsten Kunden zu Ihren Beratern. Laden Sie sie einmal im Jahr ein, um gemeinsam über die Zukunft des Geschäfts nachzudenken.

Note 2

Kunden wurden in A-, B- und C-Kunden klassifiziert. A-Kunden werden durch klaren Nutzen angezogen und gewonnen. Ein Kundenbeirat wurde installiert.

Kaufanreiz ist nicht die Werbung, sondern ein eindeutiger Nutzen, der den Verbraucher anzieht. Das Unternehmen wirkt einen Sog auf den Kunden aus. Die Einteilung in A-, B- und C-Kunden hilft Ihnen dabei, Ihre Bemühungen auf den wirksamsten Punkt zu konzentrieren. Der Kundenbeirat hilft Ihnen dabei, die Bedürfnisse Ihrer Kunden noch besser zu verstehen, und zeigt Ihnen, wo der Hebel anzusetzen ist.

To do:

- *Begeisterungseigenschaften entwickeln*
  Entwickeln Sie nicht nur Nutzen für den Kunden, begeistern Sie ihn.
- *Kunden in »Fans« verwandeln*
  Machen Sie aus Ihren Kunden »Fans«, also Menschen, die von Ihnen und Ihren Produkten begeistert sind.
- *Kunden werben Kunden*
  Unterstützen Sie Ihre Kunden bei der Werbung neuer Kunden.

Note 1

Ihr Unternehmen hat Kultstatus. Begeisterte Kunden werden zu »Fans« und werben viele neue Kunden.

Die Kunden sind vom Anbieter vollständig überzeugt. Ihre Anforderungen werden nicht nur erfüllt, sondern übertroffen. Daher denkt der Kunde auch nicht über einen Wechsel nach. Selbst Preiserhöhungen und geringfügige technische Nachteile werden akzeptiert, da der Kunde durch die individuelle Behandlung das Gefühl hat, der wichtigste Kunde zu sein.

Durch die Begeisterung werden durch Mundpropaganda zahlreiche neue Kunden geworben. Der Kunde wird plötzlich zum besten Verkäufer.

Das US-amerikanische Kaufhaus Nordstrom kontaktiert seine Kunden ganz gezielt: »Liebe Frau …, gerade ist die neue Sommerkollektion eingetroffen. Es sind auch Teile in Ihrer Größe enthalten, sogar in Ihrer Lieblingsfarbe rot. Einen Rock und zwei Kleider haben wir zur Ansicht für Sie zurückgelegt.« – Eine Kundenbeziehung, die der Konkurrenz das Fürchten lehrt: Sobald Nordstrom die Öffnung einer neuen Filiale ankündigt, schließen gleich mehrere Einzelhändler in der näheren Umgebung.

Tipps zum Weiterlesen

Günter Ederer und Lothar J. Seiwert: *Der Kunde ist König. Das 1x1 der Kundenorientierung*. Offenbach 2000 (Das Buch enthält ein Kapitel über die Kundenorientierung der Firma tempus).

Roger Fisher, William Ury, Bruce Patton: *Das Havard-Konzept. Der Klassiker der Verhandlungstechnik*. Frankfurt/New York 2006

Hans Hinterhuber, Gernot Handlbauer und Kurt Matzler: *Kundenzufriedenheit durch Kernkompetenzen. Eigene Potentiale erkennen, entwickeln, umsetzen*. München 2003.

W. Chan Kim, Renee Mauborgne: *Der Blaue Ozean als Strategie. Wie man neue Märkte schafft, wo es keine Konkurrenz gibt*. München 2005.

Jörg Knoblauch, Kurt Nagel und Lars Stängle: *Methodenhandbuch Unternehmens-Fitness*. Giengen 2003. Erhältlich unter www.tempus-consulting.de

Wolfgang Mewes: *Mit Nischenstrategie zur Marktführerschaft*. Zürich 2000.

Hermann Scherer: *Das überzeugende Angebot. So gewinnen Sie gegen Ihre Konkurrenz*. Frankfurt/New York 2006.

Hermann Scherer: *Ganz einfach verkaufen. Die 12 Phasen des professionellen Verkaufsgesprächs*. Offenbach 2003.

Hermann Scherer: *Spielregeln für die Pole-Position. So stellen Sie sich auf für die Märkte von morgen*. (Hörbuch) Frankfurt/New York 2005

Erfolgsfaktor III: Mitarbeiter

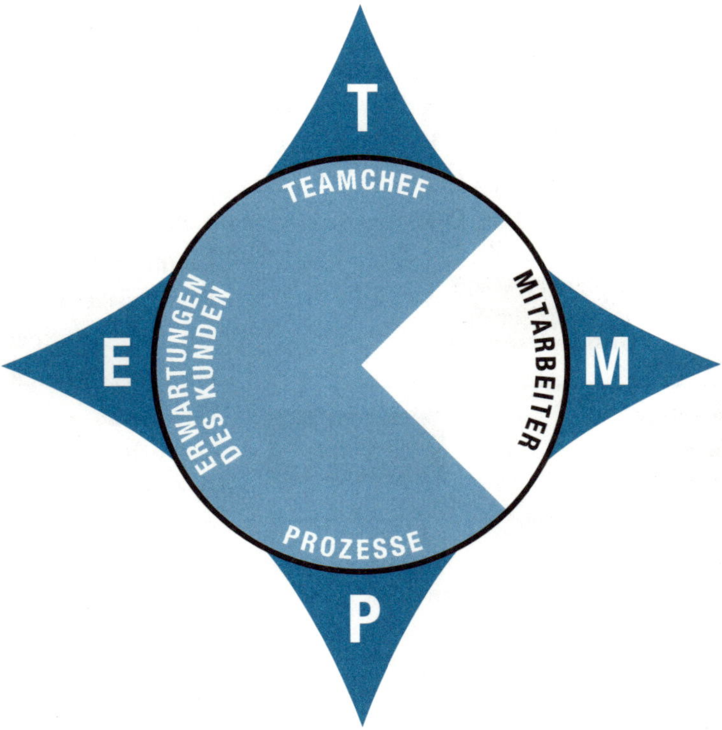

Neben dem Teamchef (T) und den Erwartungen des Kunden (E) sind die Mitarbeiter (M) der dritte Erfolgsfaktor.

Der Erfolg eines Unternehmens ist die Summe der Erfolge seiner Mitarbeiter.

Mitarbeiter haben Bedürfnisse. Sie wünschen sich mehr Information, Lob und Anerkennung. Und in irgendeiner Weise möchten sie am Gewinn partizipieren. Wo die Bedürfnisse der Mitarbeiter bewusst im Mittelpunkt stehen, wird dies spürbar zum Unternehmenserfolg beitragen: Je offener kommuniziert wird, je mehr Anerkennung ihre Arbeit findet, umso besser werden auch die Arbeitsergebnisse der Mitarbeiter sein.

Mitarbeiterbeteiligung: immateriell vor materiell

Sollten Sie bereits monatlich Gewinnanteile auszahlen, haben Sie vielleicht die Erfahrung gemacht, dass sich der Erfolg nicht in der Intensität einstellte, wie Sie es erhofften. Dieser Effekt hat eine Ursache: Wer bei der Mitarbeitermotivation mit materieller Beteiligung beginnt – also Gewinnanteile auszahlt –, arbeitet mit »geschenkter Partizipation«, und die ist nicht viel wert.

Es geht nicht in erster Linie darum, Geld zu verteilen. Es geht vielmehr darum, die Herzen der Mitarbeiter für seine Sache zu gewinnen. Klar: Das Geld muss »stimmen«, aber es motiviert kaum. Stärker ist die Motivation, die aus dem Mitarbeiter selbst kommt. Und genau an dieser Stelle gilt es, mit der immateriellen Beteilung anzusetzen. Jeder Mitarbeiter hat Stärken, die es zu nutzen gilt und die als »Kapital« aktiviert werden sollten. Jeder Mitarbeiter hat Bedürfnisse, die es zu befriedigen gilt. Mitarbeiter brauchen Raum, sich selbst verwirklichen zu können. Die Geschäftsleitung ist gefordert, bei der Verwirklichung dieser Bedürfnisse behilflich zu sein.

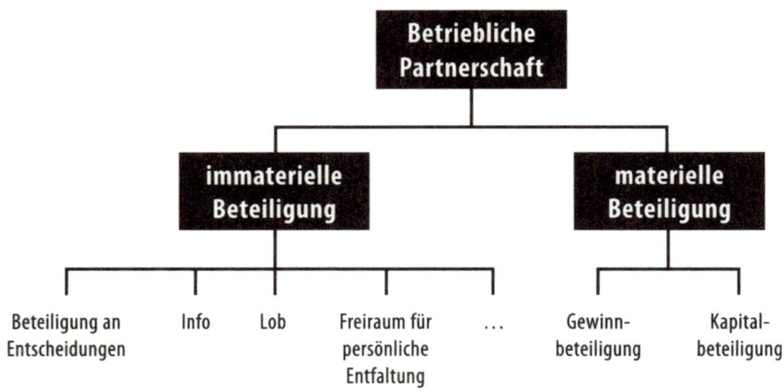

Wenn Sie vorhaben, einen veränderten Umgang mit den Mitarbeitern einzuführen, müssen Sie mit Schwierigkeiten rechnen.

Wahrscheinlich werden Ihre Mitarbeiter zunächst skeptisch reagieren. In diesem Stadium ist es wichtig, einzelne Verbündete zu gewinnen, die der neuen Offenheit trauen und um Verständnis unter ihren Kollegen werben.

Mitarbeitermotivation – ein längerfristiger Vertrauensprozess

Sie müssen außerdem davon ausgehen, dass solche Prozesse nicht über Nacht geschehen. Vier bis fünf Jahre sind ein realistischer Zeitraum, um von der Einführungsphase hin zu einer komplett erneuerten Unternehmenskultur zu kommen.

Die abgebildete »Treppe« zeigt in sieben Stufen, wie die Schritte vom Mitarbeiter zum Mitunternehmer aussehen. Der Weg geht vom Immateriellen (also Information, Kommunikation usw.) hin zum Materiellen (Geld). Erst gegen Ende wird Geld verteilt – an Mitarbeiter, die selbstständig und hochmotiviert Spitzenleistungen bringen.

Schritt für Schritt nach oben

Der erste Schritt besteht darin, für Mitwissen zu sorgen (Offen kommunizieren). Die Folge einer konsequenten Informationspolitik ist, dass Mitarbeiter mitdenken. Wenn Mitarbeiter mitdenken, werden sie mitlernen. Das Lernen kann durch Weiterbildung verstärkt werden (Weiterbildung fördern). Jetzt ist der Mitarbeiter insgesamt wertvoller für das Unternehmen und Sie können ihm Verantwortung übertragen. Mehrfach qualifizierte Mitarbeiter müssen gegenseitig auch die Vertretungsfähigkeit garantieren können. Jetzt ist das operative Geschäft weitestgehend vom Unternehmer entkoppelt und man kann den Mitarbeitern ihren Anteil am Unternehmenserfolg in Form von Mitgenießen und Mitbesitzen zugute kommen lassen.

Service: Das Mitarbeitermotivationskonzept der »33 Rosen« finden Sie kostenlos unter www.temp-methode.de/vorlagen

Auf der siebten Stufe der Treppe geht es um die Mitarbeiterwertschätzung. Es ist die überbetriebliche Aufgabe, den Mitarbeiter auch als Mensch zu schätzen und an einer gemeinsamen Wertebasis zu arbeiten.

Erfolgsfaktor III
Mitarbeiter

Geben Sie sich für jedes Handlungsfeld eine Note. Kreuzen Sie dazu in jeder Zeile ein Kästchen an, das Ihre Situation am besten beschreibt.

Datum:	Note 6	Note 5
Handlungsfeld 1 **Offen kommunizieren**	Es wird nicht kommuniziert – Misstrauen und Tabus bestimmen den Alltag. ☐	Nur vereinzelt erhalten Mitarbeiter Informationen. ☐
Handlungsfeld 2 **Mitdenker gewinnen**	Ein betriebliches Verbesserungs- und Vorschlagswesen existiert nicht. Die Mitarbeiter werden nicht als Problemlöser erkannt. ☐	Ein betriebliches Verbesserungs- und Vorschlagswesen existiert nicht. Einige wenige Mitarbeiter in verantwortlicher Position bringen immer wieder Vorschläge ein. ☐
Handlungsfeld 3 **Weiterbildung fördern**	Langjährige Betriebszugehörigkeit gilt als ausreichende Kompetenz. Weiterbildung ist nicht gefragt. ☐	Nur die Führungskräfte besuchen vereinzelt Weiterbildungsmaßnahmen. ☐
Handlungsfeld 4 **Verantwortung übertragen**	Nur der Chef entscheidet. Dadurch ist er stark in das Tagesgeschäft involviert und hat keine Zeit, strategische Entscheidungen zu treffen. ☐	Die gesamte Verantwortung liegt ausschließlich bei den Führungskräften. Mitarbeiter dürfen nicht selbstständig entscheiden. ☐
Handlungsfeld 5 **Vertretungsfähigkeit garantieren**	Jeder arbeitet in vorgegebenen und abgegrenzten Funktionsbereichen. ☐	Krankheit von Mitarbeitern und ähnliche Engpässe lösen Diskussion über Notwendigkeit von Vertretungsregelungen aus. ☐
Handlungsfeld 6 **Mitgenießen und Mitbesitzen**	Jeder Mitarbeiter erhält seinen Lohn bzw. sein Gehalt. ☐	Es gibt eine Erfolgsbeteiligung – allerdings nur für Führungskräfte. ☐
Handlungsfeld 7 **Mitarbeiter wertschätzen**	Angst und Druck dominieren. Die Mitarbeiter werden als Kostenfaktor gesehen. ☐	Die Unternehmensleitung erkennt zunehmend, dass ihre Maschinen besser gepflegt werden als ihre Mitarbeiter. ☐

Note 4	Note 3	Note 2	Note 1
Über das gesetzlich vorgeschriebene Maß hinaus wird nicht kommuniziert. ☐	Durch regelmäßige Publikationen und Belegschaftsversammlungen werden Mitarbeiter über zentrale Entwicklungen informiert. ☐	Mitarbeiter werden über alles informiert (offene Kommunikation). Das heißt auch: »Leichen« werden aus dem Keller geholt und würdig begraben. ☐	Kommunikation total – die Wirklichkeit ist die Wirklichkeit (gegenseitige Kritikfähigkeit). ☐
Ein betriebliches Verbesserungs- und Vorschlagswesen existiert. Mitarbeiter machen vereinzelt Vorschläge (etwa 0,5 Vorschläge pro Mitarbeiter und Jahr). ☐	Ein strukturiertes Verbesserungs- und Vorschlagswesen ist etabliert (2 bis 3 Vorschläge pro Mitarbeiter und Jahr). Zudem gibt es einige wenige KVP-Gruppen. ☐	4 bis 7 Vorschläge pro Mitarbeiter und Jahr. Die Umsetzungsquote beträgt mind. 66 Prozent. 50 Prozent der Mitarbeiter engagieren sich regelmäßig in KVP-Gruppen. ☐	Das traditionelle Verbesserungs- und Vorschlagswesen ist abgeschafft. Alle Mitarbeiter suchen täglich nach Verbesserungen und setzen selbstständig um. ☐
Weiterbildung erfolgt sporadisch und wenig systematisch. ☐	Mitarbeiter werden zunehmend gemäß ihrer Stärken eingesetzt. Weiterbildung erfolgt gezielt durch Veranstaltungen, die der Vorgesetzte ausgesucht hat. ☐	Jeder Mitarbeiter ist gemäß seiner Stärken eingesetzt. Im Unternehmen existiert ein eigenes Weiterbildungsprogramm. ☐	Es existiert ein Arbeitsumfeld, in dem Lernen Teil des Alltags ist. Jeder Mitarbeiter entscheidet selbst über seine Weiterbildung. ☐
Mitarbeiter werden bei der Entscheidungsfindung punktuell hinzugezogen. ☐	Mitarbeitern wird gestattet, in begrenztem Rahmen selbstständig Entscheidungen zu treffen. Führungskräfte werden in strategische Entscheidungen mit einbezogen. ☐	Führungskräfte dürfen ihren Bereich betreffende Entscheidungen selbst treffen. Der Chef hat viel Zeit, sich um die Zukunft des Unternehmens zu kümmern. ☐	Alle Mitarbeiter dürfen ihren Bereich betreffende Entscheidungen selbst treffen. Dadurch werden Wartezeiten minimiert und die Mitarbeiter motiviert. ☐
Innerhalb der Abteilung erwerben die Mitarbeiter durch Jobrotation weitere Qualifikationen. Die Organisation wird vom Vorgesetzten übernommen. ☐	Eine öffentlich zugängliche Vertretungsregelung ist vorhanden und allen Mitarbeitern bekannt. ☐	Mitarbeiter schulen sich gegenseitig und stellen ihr Wissen bereichsübergreifend zur Verfügung. ☐	Engpässe gibt es nicht, da Mitarbeiter bereichsübergreifend einsetzbar sind. Vertretungsregelungen und Schulungspläne werden laufend angepasst. ☐
Bei einem besonders guten Jahresergebnis wird eine einmalige Prämie an die Mitarbeiter ausbezahlt. ☐	Alle Mitarbeiter partizipieren am Erfolg über eine regelmäßige Erfolgsbeteiligung. ☐	Neben der Erfolgsbeteiligung gibt es auch die Möglichkeit, dass sich der Mitarbeiter in geringer Form am Kapital des Unternehmens beteiligt. ☐	Es gibt die Möglichkeit einer substanziellen Kapitalbeteiligung für alle Mitarbeiter. Die Kennzahlen für das Mitarbeiterengagement sind besser als der Branchenschnitt. ☐
Die Mitarbeiterbedürfnisse werden erfragt und erste Erkenntnisse umgesetzt. Nur nach herausragender Leistung erhalten Mitarbeiter ein Feedback. ☐	Die Mitarbeiter stehen mit ihren Wünschen und Bedürfnissen bewusst im Mittelpunkt. Der Chef ist ein Mutmacher. ☐	Eine Kultur des Lobens, Förderns und Bewertens wird praktiziert. An einer gemeinsamen Wertebasis wird gearbeitet. ☐	Das Unternehmen ist geprägt von »Lust an Leistung«. Die Mitarbeiter finden Sinn in ihrer Arbeit und werden zu »Kulturmissionaren«. ☐

Erfolgsfaktor »Mitarbeiter« – Handlungsfeld M 1

Offen kommunizieren (Mitwissen)

Weiterführende Informationen: Methodenhandbuch, Methoden Nr. 29, 30, 38

Offene Kommunikation ist die Grundlage für Mitarbeitermotivation und -integration. Jeder sollte über alles informiert werden, was seine Arbeit betrifft.

Ken Blanchard, Erfolgsautor von *Der Minuten-Manager*, vergleicht das Unternehmen mit einer Kegelbahn. Der Mitarbeiter bekommt eine Kugel in die Hand gedrückt und soll möglichst alle Kegel abräumen. Einziges Hindernis: Zwischen ihm und den Kegeln ist ein Vorhang installiert. Die Kugel rollt unter dem Vorhang durch, der Mitarbeiter hört die Kegel fallen, aber das eigentliche Ergebnis bleibt ihm verborgen. Eine Rückmeldung bekommt er erst viel später und meistens nur dann, wenn etwas falsch gelaufen ist.

»Offen kommunizieren« bedeutet, den Vorhang wegzunehmen. Ergebnisse werden sofort kommuniziert, es gibt keine Informationen, die nicht offengelegt werden.

Note 6

Es wird nicht kommuniziert – Misstrauen und Tabus bestimmen den Alltag.

Informationen werden aus Angst, die Mitarbeiter könnten zu viel Einblick ins Unternehmen erhalten, zurückgehalten (Buchhaltung wird am Wochenende gemacht). Motto: »Die Mitarbeiter sind ausschließlich zum Arbeiten da!«. Themen mit emotionaler Sprengkraft (persönliche Konflikte, ungeklärte Vorgänge der Vergangenheit) werden konsequent verschwiegen.

To do:

- *Führungskräfte des Unternehmens mit den für sie notwendigen Informationen versorgen*
  Ausreichend Informationen führen zu mehr Effizienz in der täglichen Arbeit.
- *Wichtige Anlässe des Geschäftsjahres zur Kommunikation mit den Mitarbeitern nutzen*
  Optimale Plattformen, um Mitarbeiter über die aktuelle Geschäftslage zu informieren, sind:
  - Weihnachtsfeiern,
  - betriebliche Feste usw.

Note 5

Nur vereinzelt erhalten Mitarbeiter Informationen.

Einige wenige Führungskräfte haben beschränkt Zugang zu wichtigen Informationen über ihren Arbeitsbereich hinaus. Alle übrigen Mitarbeiter werden in unregelmäßigen Abständen mit mehr oder weniger relevanten Informationen versorgt (mehr Quantität als Qualität).

To do:

- *Belegschaftsversammlungen zur gezielten Kommunikation nutzen*
  Nutzen Sie Belegschaftsversammlungen, um die gesamte Mitarbeiterschaft über
  - aktuelle Wirtschaftslage,
  - anstehende Projekte,
  - Marktentwicklungen usw.

  zu informieren.
- *Alle gesetzlich vorgeschriebenen Informationen den Mitarbeitern zugänglich machen*
  Nutzen Sie zentrale Stellen im Unternehmen wie beispielsweise
  - Kantine/Aufenthaltsraum,
  - Stempeluhr usw.

  zur Kommunikation von
  - aushangpflichtigen Gesetzen,
  - Betriebsvereinbarungen,
  - Tarifabschlüssen usw.

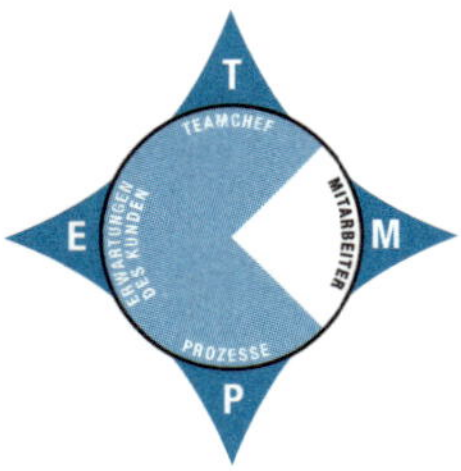

Note 4

Über das gesetzlich vorgeschriebene Maß hinaus wird nicht kommuniziert.

Es besteht ein Aushangwesen, das Mitarbeiter mit den vorgeschriebenen Informationen wie Gesetzen, betrieblichen Vereinbarungen usw. versorgt.

To do:

- *Mitarbeiterzeitung*
  Publizieren Sie aktuelle Informationen über geschäftliche Entwicklungen, Mitarbeiterporträts, Geburtstage usw. in regelmäßigen Abständen (monatlich, vierteljährlich).
- *Mitarbeiterbroschüre*
  Erstellen Sie eine ausführliche Broschüre, die insbesondere neue Mitarbeiter über die Unternehmensgeschichte sowie innerbetriebliche Regelungen und Leistungen informiert.
- *Belegschaftsversammlungen*
  Nutzen Sie diese weitere Möglichkeit, neben den vorgeschriebenen Betriebsversammlungen zu kommunizieren.
- *Kontaktabend*
  Laden Sie Ihre neuen Mitarbeiter zu sich nach Hause ein (Essen, Gespräche mit Infos aus der Gründerzeit, Firmenphilosopie usw.).

Note 3

Durch regelmäßige Publikationen und Belegschaftsversammlungen werden Mitarbeiter über zentrale Entwicklungen informiert.

Alle Mitarbeiter sind über die aktuelle Geschäftslage und relevante Ereignisse im Unternehmen informiert.

To do:

- *Tagesgenaue Informationen*
  Das Herrschaftswissen hat ein Ende. Alles Wissen steht jedem zur Verfügung, bis hin zu täglichen Informationen über Umsatz, Gewinn usw. Jeder Mitarbeiter hat Zugang zu allen Informationen.
- *Politik der offenen Tür*
  Extrem flache Hierarchien, bis hin zur offenen Tür des Chefs, vereinfachen die direkte Kommunikation.

Note 2

Mitarbeiter werden über alles informiert (offene Kommunikation). Das heißt auch: »Leichen« werden aus dem Keller geholt und würdig begraben.

Jeder Mitarbeiter hat Zugang zu allen Informationen, die für ihn von Interesse sind. Das Offenlegen aller Informationen führt zu einer enormen Transparenz im Unternehmen. Problembereiche und -themen (»Leichen«), die bisher mit einem Tabu belegt waren, kommen durch die Transparenz an die Oberfläche und werden diskutiert.

Handlungsfeld M 1

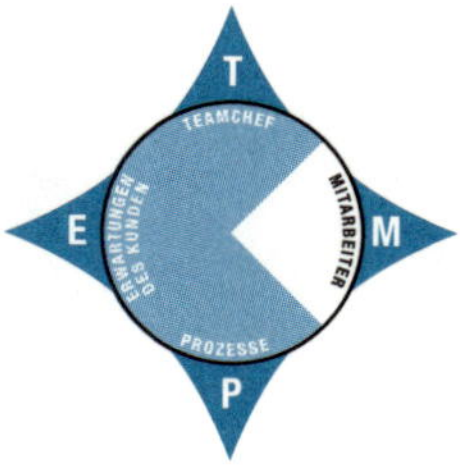

To do:

- *Kommunikation total*
  Ständige Anpassung der Kommunikationssysteme an die Gegebenheiten im Unternehmen.
- *»Die Wirklichkeit ist die Wirklichkeit«*
  Zur Wirklichkeit stehen heißt, die Wirklichkeit ungeschminkt darzustellen und sich mit ihr auseinanderzusetzen.

Note 1

Kommunikation total – die Wirklichkeit ist die Wirklichkeit (gegenseitige Kritikfähigkeit).

Durch konsequente Aufklärung und das Ansprechen schwieriger Situationen wird Ehrlichkeit und Wahrhaftigkeit möglich. Der »Heuchelgrad« verringert sich. Mitarbeiter können offen sagen, was sie denken.

Erfolgsfaktor »Mitarbeiter« – Handlungsfeld M 2

Mitdenker gewinnen (Mitdenken)

Weiterführende Informationen: Methodenhandbuch, Methoden Nr. 9, 29, 32, 39

In vielen Unternehmen wird der Mitarbeiter nur für seine Hände, nicht aber für seinen Kopf bezahlt. Erst nach Dienstschluss zeigen sich dann die wahren Fähigkeiten der Mitarbeiter: Sie bauen ihr Haus, erziehen mehrere Kinder erfolgreich und führen große Vereine. Am Arbeitsplatz sind diese Fähigkeiten nicht gefragt.

Gerade die Ideen des Mitarbeiters sind es jedoch, die beim Problemlösen so wichtig sind. Es gilt, sich diese geistigen Potenziale zu erschließen.

Mitarbeiter, die offen Zugang zu allen Informationen haben, sind gerne dabei, wenn es um Verbesserungen und Optimierungen geht. Sie wollen ihre Kreativität und Ideen einbringen und nicht nur als »Rädchen im System« funktionieren.

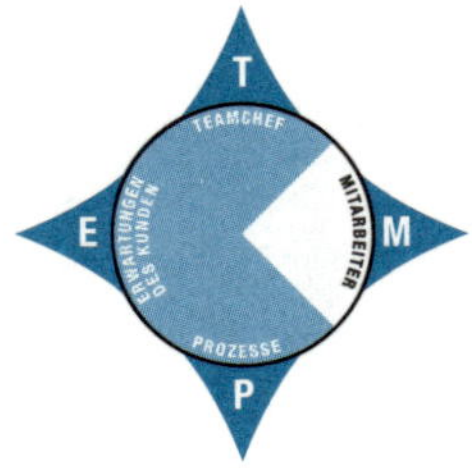

Note 6

Ein betriebliches Verbesserungs- und Vorschlagswesen existiert nicht. Die Mitarbeiter werden nicht als Problemlöser erkannt.

Der Alltag funktioniert nach dem Motto: »Die Mitarbeiter sind zum Arbeiten da – der Chef löst die Probleme.«

To do:

- *Führungskräfte als Problemlöser*
  Mitarbeiter in verantwortlicher Position haben zumeist Kenntnis über die wichtigsten Zusammenhänge im Unternehmen. Sie müssen ermutigt werden, auftretende Problemfelder aufzuzeigen, damit gemeinsam an einer Lösung gearbeitet werden kann.

Note 5

Ein betriebliches Verbesserungs- und Vorschlagswesen existiert nicht. Einige wenige Mitarbeiter in verantwortlicher Position bringen immer wieder Vorschläge ein.

Nur sporadisch kommt es zu Verbesserungsvorschlägen. Ein System zur systematischen Erfassung besteht nicht.

To do:

- *Implementierung eines betrieblichen Verbesserungs- und Vorschlagswesens*
  Es geht um das systematische Erschließen der Verbesserungsvorschläge Ihrer Mitarbeiter. Diese Vorschläge werden in der Regel zu Hause ausgedacht, dann zu Papier gebracht und schließlich in einen im Betrieb angebrachten Briefkasten eingeworfen. Der Mitarbeiter erkennt die Verbesserungspotenziale seines Arbeitsbereichs besser als sein Vorgesetzter.
- *Erkenntnis: Fehler sind Schätze, die es zu heben gilt*
  Fehler können als Problem oder Chance gesehen werden. Sehen Sie jedes auftretende Problem als Chance zur Beseitigung von Unwirtschaftlichkeit.

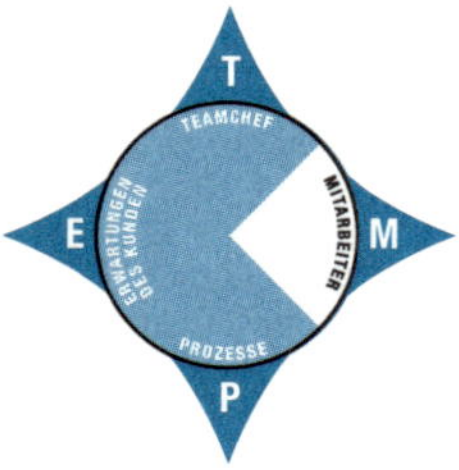

Note 4

Ein betriebliches Verbesserungs- und Vorschlagswesen existiert. Mitarbeiter machen vereinzelt Vorschläge (etwa 0,5 Vorschläge pro Mitarbeiter und Jahr).

In der Praxis bedeutet dies eine durchschnittliche Beteiligung von etwa einem Drittel der Mitarbeiter.

To do:

- *Ermutigung statt Fehlersuche*
  Jeder Mitarbeiter sucht Lob und Anerkennung für seine Tätigkeit. Versuchen Sie bewusst, Mitarbeiter zu finden, die etwas richtig machen, um sie dafür zu loben. Praktizieren Sie Ermutigung insbesondere dann, wenn Mitarbeiter mit Verbesserungsvorschlägen kommen; sie werden es Ihnen mit weiteren Ideen danken.
- *Einführung von KVP-Gruppen*
  Schärfen Sie das Bewusstsein für die Notwendigkeit eines »kontinuierlichen Verbesserungsprozesses (KVP)« durch erste KVP-Meetings. Dabei arbeiten Mitarbeiter innerhalb der Arbeitszeit in einem etwa einstündigen, moderierten Prozess an der Lösung eines Problems.

Note 3

Ein strukturiertes betriebliches Verbesserungs- und Vorschlagswesen ist etabliert (2 bis 3 Vorschläge pro Mitarbeiter und Jahr). Zudem gibt es einige wenige KVP-Gruppen.

Viele der Mitarbeiter erkennen erste Vorteile der Verbesserungsprozesse für ihr Arbeitsumfeld. Etwa 30 Prozent der Mitarbeiter beteiligen sich aktiv an Verbesserungsprozessen. Die Mitarbeiter erarbeiten Lösungen im Team (KVP-Gruppen).

To do:

- *Bedeutung der Verbesserungen für den Unternehmenserfolg*
  Verdeutlichen Sie Ihren Mitarbeitern, dass das Ausschöpfen von Verbesserungspotenzialen erheblich zum Unternehmenserfolg und zur Sicherung der Arbeitsplätze beiträgt.
- *Ausbildung von KVP-Moderatoren*
  Jeder Arbeitsbereich benötigt einen KVP-Moderator, der sich aktiv um die kontinuierliche Verbesserung seines Bereichs kümmert.
- *Problemlösung unternehmensweit*
  Ermutigen Sie Ihre Mitarbeiter, erkannte Verbesserungspotenziale auch außerhalb ihres Arbeitsbereichs zu benennen.

Handlungsfeld M 2

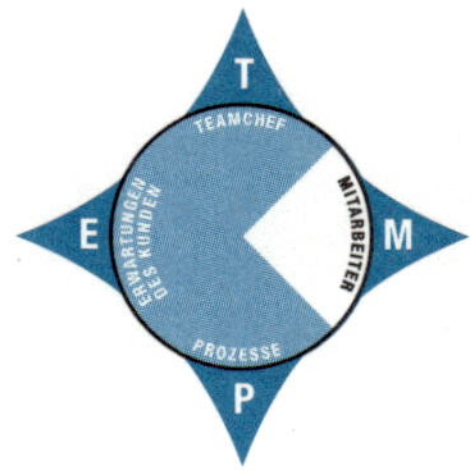

Note 2

4 bis 7 Vorschläge pro Mitarbeiter und Jahr. Die Umsetzungsquote beträgt mindestens 66 Prozent. 50 Prozent der Mitarbeiter engagieren sich regelmäßig in KVP-Gruppen.

Die Mitarbeiter haben die Wichtigkeit der kontinuierlichen Verbesserung erkannt. Es besteht eine große Sensibilität für das Aufdecken von Problembereichen, auch über das eigene Arbeitsumfeld hinaus.

To do:

- *Umfassende Weiterbildung der Mitarbeiter*
  Befähigen Sie Ihre Mitarbeiter, Verbesserungspotenziale nicht nur zu erkennen, sondern auch selbst umzusetzen.
- *Abbau von Kompetenzhierarchien*
  Legen Sie die Verantwortung der Umsetzung von Verbesserungsmaßnahmen in die Hände der einzelnen Mitarbeiter. Das beinhaltet auch die Verantwortung über die Verwendung von finanziellen Mitteln.

Note 1

Das traditionelle Verbesserungs- und Vorschlagswesen ist abgeschafft. Alle Mitarbeiter suchen täglich nach Verbesserungen und setzen selbstständig um.

Das »Ein-Mann-Unternehmen« wird konkret gelebt. Mitarbeiter erarbeiten Lösungsmaßnahmen im Team und setzen diese selbstständig um. Dabei entscheiden sie selbst über die Verwendung von finanziellen Mitteln innerhalb eines betrieblich abgestimmten Rahmens.

Erfolgsfaktor »Mitarbeiter« – Handlungsfeld M 3

Weiterbildung fördern (Mitlernen)

Weiterführende Informationen: Methodenhandbuch, Methoden Nr. 33, 34

In einer Zeit der »Wissensexplosion« ist Weiterbildung ein zentrales Thema. Das weltweite Wissen verdoppelt sich derzeit alle fünf Jahre. Investitionen in Weiterbildung stellen einen eindeutigen Wettbewerbsvorteil dar.

Weltweit betrachtet werden derzeit durchschnittlich 800 US-Dollar pro Mitarbeiter für Weiterbildung ausgegeben. Während deutsche Unternehmen im Durchschnitt liegen, geben viele amerikanische Firmen weitaus mehr für die Fitness ihrer Mitarbeiter aus. In den USA ist dadurch der Bildungsbereich zum zweitgrößten Wirtschaftsfaktor geworden.

Wenn Mitarbeiter die Möglichkeit zum konkreten Mitdenken haben, werden sie zunehmend feststellen, in welchen Bereichen für sie noch Qualifikationsbedarf besteht. Sie werden bereit sein, Neues zu erlernen. Solche Lernprozesse ergeben, dass Verbesserungen durch das Einbeziehen aller Beteiligten schneller vonstatten gehen. Der Teamgedanke nimmt zunehmend Platz ein. Jeder stellt sein Wissen anderen zur Verfügung. Das Unternehmen wird zur permanent lernenden Organisation.

Note 6

Langjährige Betriebszugehörigkeit gilt als ausreichende Kompetenz. Weiterbildung ist nicht gefragt.

Berufs- und Schulabschlüsse geben die Berechtigung zur Ausübung einer Tätigkeit. Berufserfahrung durch langjährige Praxis ist die einzige Form der Weiterbildung.

To do:

- *Strategiewochenende mit den Führungskräften*
  Laden Sie Ihre Führungskräfte ein- bis zweimal jährlich ein, um außerhalb des Firmengebäudes über das weitere gemeinsame Vorgehen nachzudenken und voneinander zu lernen (Überblick über aktuelle Projekte).
- *Führungskräfte zur sporadischen Weiterbildung verpflichten*
  Fordern Sie Ihre Führungskräfte auf, sich mindestens einmal jährlich außerhalb der Firma weiterzubilden.

Note 5

Nur die Führungskräfte besuchen vereinzelt Weiterbildungsmaßnahmen.

Die einzelnen Führungskräfte besuchen in unterschiedlicher Häufigkeit Weiterbildungsmaßnahmen (einige häufiger, einige nie). Alle weiteren Mitarbeiter werden von den Fortbildungsmaßnahmen ausgeschlossen. Die Notwendigkeit, dass auch sie ständig dazulernen müssen, wird nicht erkannt.

To do:

- *Informationen über Weiterbildungsmaßnahmen sammeln*
  Suchen Sie nach geeigneten Weiterbildungsmaßnahmen für Ihre Mitarbeiter in
  - Branchenzeitschriften,
  - Publikationen von Kammern und Verbänden,
  - Weiterbildungsorganisationen.
- *Kreis der Mitarbeiter, die an Weiterbildungen teilnehmen, vergrößern*
  Schicken Sie neben den Führungskräften auch weitere wichtige Mitarbeiter aus den einzelnen Aufgabenbereichen zu einer Weiterbildung.

Handlungsfeld M 3

Service: Eine Checkliste zur Ermittlung des Schulungsbedarfs finden Sie kostenlos unter www.temp-methode.de/vorlagen

Note 4

Weiterbildung erfolgt sporadisch und wenig systematisch.

Weiterbildung beschränkt sich nicht mehr auf bestimmte Personengruppen. Inhalte und Zeitpunkte von Weiterbildungen werden eher zufällig ausgewählt und sind selten auf die Tätigkeit des Teilnehmenden abgestimmt. Die Kosten der Weiterbildung trägt häufig der Mitarbeiter.

To do:

- *Stärken der Mitarbeiter ermitteln*
  Durch den Einsatz von Persönlichkeits-Profilen (z. B. D-I-S-G) kann das Verständnis für die Stärken der einzelnen Mitarbeiter verbessert werden.
- *Mitarbeiter gemäß ihrer Stärken einsetzen*
  Stimmen Sie zunehmend die Anforderungen des Arbeitsumfelds mit den Stärken der Mitarbeiter ab. Die Arbeitseffizienz des einzelnen Mitarbeiters wird dann steigen.
- *Die Kosten der Weiterbildung trägt das Unternehmen*
  Von jeder Weiterbildung werden mindestens drei umsetzbare To-do's erwartet. Können diese nicht erbracht werden, wird die Zeit nachträglich als Urlaub eingetragen.

Service: Ein Formblatt zur Einforderung der 3 To do's finden Sie kostenlos unter www.temp-methode.de/vorlagen

Note 3

Mitarbeiter werden zunehmend gemäß ihrer Stärken eingesetzt. Weiterbildung erfolgt gezielt durch Veranstaltungen, die der Vorgesetzte ausgesucht hat.

Arbeitssituation und Stärke der einzelnen Mitarbeiter stimmen immer besser überein. Die Vorgesetzten schicken ihre Mitarbeiter gezielt auf Weiterbildungen, die die Qualifikationen des Mitarbeiters erhöhen und in einem Bezug zum Arbeitsplatz stehen.

To do:

- *Firmeninternes Weiterbildungsprogramm einführen*
  Innerhalb des Unternehmens werden Kurse angeboten wie Staplerführerschein, Fremdsprachen, Erste-Hilfe-Kurse, Vorträge zur Persönlichkeitsentwicklung usw.
- *Firmeneigene »University«*
  Regelmäßiger Unterricht (wöchentlich, 14-tägig) für Mitarbeiter durch Mitarbeiter oder externe Referenten während der Arbeitszeit.
- *Nützliche Arbeitshilfen zur Verfügung stellen*
  Ermöglichen Sie Ihren Mitarbeitern den Zugang zu nützlichen Arbeitsmitteln (Zeitplanbuch, Ablage-/Lagerungssysteme usw.).

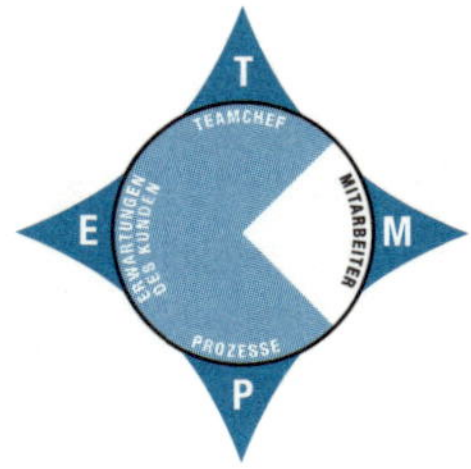

Note 2

Jeder Mitarbeiter ist gemäß seiner Stärken eingesetzt. Im Unternehmen existiert ein eigenes Weiterbildungsprogramm.

Das Verständnis für die Stärken des einzelnen Mitarbeiters wurde beim Mitarbeiter und Vorgesetzten stark verbessert. Mitarbeiter arbeiten den größten Teil ihrer Arbeitszeit in Bereichen, die ihren Stärken entsprechen. Sie nehmen regelmäßig an den vielfältigen Weiterbildungsprogrammen teil.

To do:

- *Mitarbeiter bestimmen über eigene Weiterbildung*
  Da der einzelne Mitarbeiter gemäß seiner Stärken eingesetzt ist, erkennt er genau, wo er Defizite aufweist. Ermöglichen Sie jedem Mitarbeiter den Zugang zu den verschiedensten Weiterbildungsmöglichkeiten.
- *Ausbildung der Mitarbeiter zu Trainern und Mentoren*
  Fördern Sie bei Ihren Mitarbeitern die Idee der »lernenden Organisation«, bei der jeder von jedem lernt. Je nach Situation ist der Mitarbeiter Lernender oder Trainer bzw. Mentor.

Note 1

Es existiert ein Arbeitsumfeld, in dem Lernen Teil des Alltags ist. Jeder Mitarbeiter entscheidet selbst über seine Weiterbildung.

Die einzelnen »Ein-Mann-Unternehmen« sind ständig bemüht, sich weiterzubilden. Jeder erkennt seinen Weiterbildungsbedarf und sucht sich dementsprechend Hilfe. Diese kann von den eigenen Kollegen kommen, die zu Experten in ihrem Fachgebiet geworden sind, oder von externer Seite.

Nicht nur die firmeninterne Fitness ist Maßstab für die eigene Qualifikation. Über die Unternehmensgrenzen hinaus werden Vergleiche mit Best-Practice-Unternehmen gesucht, um die führende Position am Markt zu behaupten.

Verantwortung übertragen (Mitverantworten)

Weiterführende Informationen: Methodenhandbuch, Methoden Nr. 9, 29

Die Aufgabe des Chefs lässt sich mit der eines Trainers vergleichen. Der Trainer ist nicht der beste Spieler. Er beobachtet das Spiel und macht sich dazu seine Gedanken. Der Trainer entwickelt Strategien und setzt diese dann mit seiner Mannschaft um.

Ein guter Chef macht sich Gedanken darüber, wie er seine Mitarbeiter am besten entlasten und ihnen Freiräume schaffen kann, damit diese ihre Talente möglichst gut zur Geltung bringen. Wenn jeder Spieler an einem Platz ist, an dem er sich voll entfalten kann, dann ist die Motivation keine Frage mehr. Ein auf diese Weise geführtes Team wird erfolgreich sein – schon deshalb, weil begeisterte Mitarbeiter begeisterte Kunden schaffen und begeisterte Kunden eine gute Voraussetzung dafür sind, weitere begeisterte Kunden zu gewinnen.

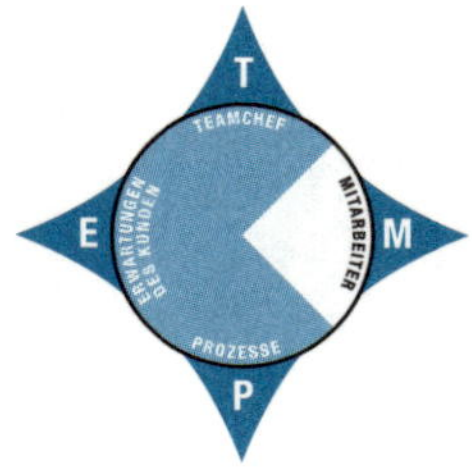

Note 6

Nur der Chef entscheidet. Dadurch ist er stark in das Tageschäft involviert und hat keine Zeit, strategische Entscheidungen zu treffen.

Der Chef hält sich für den besten Einkäufer, Planer, Verkäufer, ... Wo er ist, »spielt die Musik«. Ist er nicht im Haus, wird gewartet, bis der Chef wieder da ist.

To do:

- *Führungskräfte einbeziehen*
  Übertragen Sie die Verantwortung, zumindest teilweise, den Führungskräften der jeweiligen Fachbereiche. Wichtige Entscheidungen, die mit Investitionen verbunden sind, können mit ihnen abgesprochen werden.
- *Mitarbeiter informieren*
  Wie entschieden wurde, ist auch für die Mitarbeiter wichtig. Führen Sie sporadisch Belegschaftsversammlungen durch und machen Sie Aushänge am schwarzen Brett.

Note 5

Die gesamte Veranwortung liegt ausschließlich bei den Führungskräften. Mitarbeiter dürfen nicht selbstständig entscheiden.

Gemeinsam mit den Führungskräften wird das Unternehmen gesteuert. Die Mitarbeiter sind lediglich zum Arbeiten da. Im Schwäbischen gibt es hierzu die Bezeichnung »sns-schaffa, net schwätza«.

To do:

- *Mitarbeiter einbeziehen*
  Beziehen Sie Mitarbeiter in die Entscheidungsprozesse mit ein. Überlassen Sie kleinere Entscheidungen den Mitarbeitern direkt. Größere Entscheidungen können gemeinsam mit den Führungskräften oder dem Unternehmer getroffen werden.
- *Dokumentation von Entscheidungen*
  Fertigen Sie Protokolle, aus denen hervorgeht, was wie entschieden wurde.

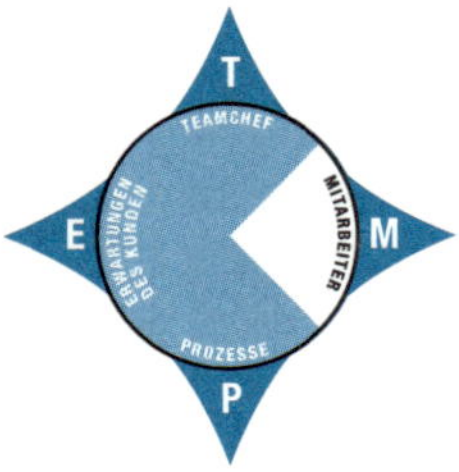

Note 4

Mitarbeiter werden bei der Entscheidungsfindung punktuell hinzugezogen.

Wenn Entscheidungen zu treffen sind, sitzen die Mitarbeiter mit am Tisch. Allerdings haben sie eher eine passive bis beratende Rolle. In die Entscheidung selbst werden sie nicht einbezogen.

To do:

- *Mitarbeiter entscheiden lassen*
  Erlauben Sie den Mitarbeitern, kleinere Entscheidungen selbst zu treffen. In größere Entscheidungen sollten die Mitarbeiter aktiv mit einbezogen werden. So werden aus »Betroffenen« »Beteiligte«.
- *Führungskräfte in Strategie einbeziehen*
  Informieren Sie Ihre Führungskräfte über strategische Entscheidungen. So gewinnen Sie »Mitdenker«.

Note 3

Mitarbeitern wird gestattet, in begrenztem Rahmen selbstständig Entscheidungen zu treffen. Führungskräfte werden in strategische Entscheidungen mit einbezogen.

Durch die Einbeziehung der Mitarbeiter und Führungskräfte gewinnen Sie als Chef immer mehr Zeit, um über die langfristige Ausrichtung Ihres Unternehmens nachzudenken.

To do:

- *Führungskräften die operative Verantwortung übertragen*
  Übertragen Sie den Führungskräften die Verantwortung für sämtliche operative Fragestellungen. Die Führungskräfte können punktuell Mitarbeiter in den Entscheidungsprozess mit einbeziehen.
- *Schulungsprogramm für Führungskräfte und Mitarbeiter aufsetzen*
  Damit Führungskräfte und Mitarbeiter Entscheidungen selbstständig treffen können, brauchen sie das notwendige Fachwissen. Überlegen Sie, welche Qualifikationen sich die jeweiligen Personen aneignen müssen, und setzen Sie ein gezieltes Weiterbildungsprogramm auf.

Handlungsfeld M 4

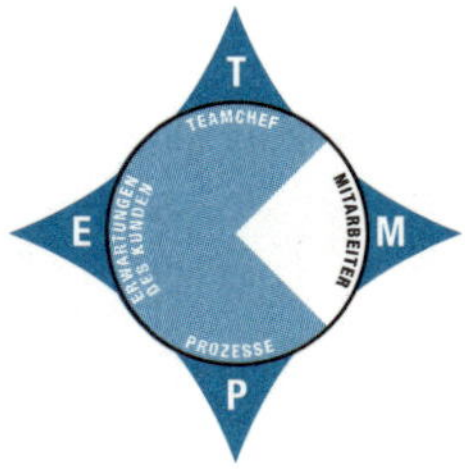

Note 2

Führungskräfte dürfen ihren Bereich betreffende Entscheidungen selbst treffen. Der Chef hat viel Zeit, sich um die Zukunft des Unternehmens zu kümmern.

Jetzt haben die Führungskräfte die Führung in ihren Bereichen wirklich übernommen. Als Chef ist es Ihnen gelungen, sich aus dem Tagesgeschäft herauszulösen.

To do:

- *Verantwortung auf Mitarbeiter übertragen*
  Übertragen Sie die Verantwortung auf Ihre Mitarbeiter und lassen Sie diese Entscheidungen soweit möglich selbst treffen. In Fällen, wo sie das nicht allein können, sollten die Führungskräfte als Unterstützer und Förderer ihrer Mitarbeiter hinzugezogen werden.

Note 1

Alle Mitarbeiter dürfen ihren Bereich betreffende Entscheidungen selbst treffen. Dadurch werden Wartezeiten minimiert und die Mitarbeiter motiviert.

Sie haben es jetzt geschafft, dass jeder im Unternehmen die Rolle ausfüllt, die er ausfüllen sollte. Als Chef denken Sie über die strategischen Komponenten nach, die Führungskräfte führen die Mitarbeiter und die Mitarbeiter arbeiten und entscheiden, wo immer möglich, selbstständig.

Erfolgsfaktor »Mitarbeiter« – Handlungsfeld M 5

Vertretungsfähigkeit garantieren (Mitverantworten)

Weiterführende Informationen: Methodenhandbuch, Methoden Nr. 9, 35

Durch Jobrotation lernen die Mitarbeiter weitere Aufgabengebiete kennen und steigern so ihre fachliche Qualifikation und ihre Einsatzmöglichkeiten. Die damit einhergehende Vielseitigkeit ermöglicht es dem Unternehmen, etwa krankheits- oder urlaubsbedingte Engpässe auszugleichen, ohne weiteres Personal einstellen zu müssen oder in Lieferverzug zu geraten.

Dadurch hat der Mitarbeiter plötzlich eine völlig andere Position. Er wird zu demjenigen, der für den Erfolg zunehmend verantwortlich ist. Der Vorgesetzte ist nicht mehr der Herrscher, er wird vielmehr zum Unterstützer. Er hilft den Mitarbeitern, ihr Potenzial zu entwickeln und durch Übernahme von Verantwortung die Früchte ihres Handelns zu ernten.

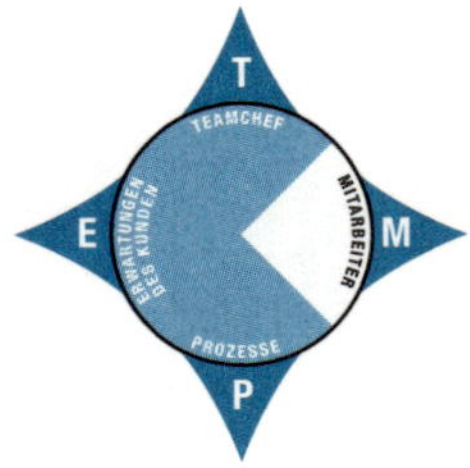

Note 6

Jeder arbeitet in vorgegebenen und abgegrenzten Funktionsbereichen.

Die Arbeitsbereiche der Mitarbeiter sind hoch arbeitsteilig. Jeder ist für eine ganz spezielle Aufgabe verantwortlich. Außer den Vorgesetzten gibt es nur wenige Kollegen, die tieferen Einblick haben und Verantwortung für einen weiteren Aufgabenbereich tragen. Viele der Arbeitsgänge sind von großer Monotonie geprägt, was verstärkt zu einseitiger körperlicher Belastung der Mitarbeiter führt.

To do:

- *Engpassregelungen finden*
  Überprüfen Sie Ihre aktuellen betrieblichen Möglichkeiten, um auf krankheits- oder urlaubsbedingte Ausfälle von Mitarbeitern reagieren zu können.
- *Ermittlung der Ursachen für krankheitsbedingte Ausfälle*
  Ermitteln Sie zusammen mit Ihrem Betriebsarzt, ob der evtl. hohe Krankenstand mit der einseitigen Arbeitsbelastung der Mitarbeiter in Zusammenhang steht.

Note 5

Krankheit von Mitarbeitern und ähnliche Engpässe lösen Diskussionen über Notwendigkeit von Vertretungsregelungen aus.

Durch Urlaub und gleichzeitigen krankheitsbedingten Ausfall von Mitarbeitern kommt es zu größeren Engpässen. Die Anzahl der vielseitig einsetzbaren Mitarbeiter ist zu gering, um die Engpässe kompensieren zu können.

To do:

- *Mitarbeiter für die Idee von Jobrotation gewinnen*
  Mitarbeiter müssen sich bereitwillig bei Maßnahmen zur Jobrotation engagieren. Die Ausübung von Zwang kann zu Blockadehaltungen führen, die schwer abbaubar sind. Weisen Sie deshalb Ihre Mitarbeiter auf die aus der Jobrotation entstehenden Vorteile hin:
  - Abbau der Monotonie
  - Belastungswechsel
  - Verbesserung des Betriebsklimas (Verständnis für andere Arbeitsbereiche steigt)
  - betriebliche Flexibilität
  - Steigerung der fachlichen Qualifikation der einzelnen Mitarbeiter
  - Steigerung der Qualität

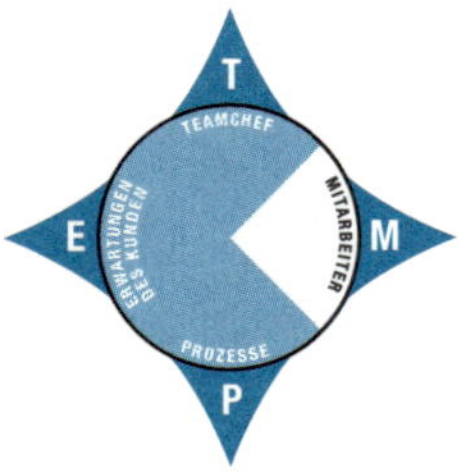

Note 4

Innerhalb der Abteilung erwerben die Mitarbeiter durch Jobrotation weitere Qualifikationen. Die Organisation wird vom Vorgesetzten übernommen.

Der Vorgesetzte bestimmt, welche Mitarbeiter sich in andere Arbeitsbereiche einarbeiten. Die Schulung und Einlernphase wird hauptsächlich von den Vorgesetzten durchgeführt.

To do:

- *Anforderungen auf Mitarbeiter abstimmen*
  Es muss gewährleistet sein, dass die Mitarbeiter den Anforderungen des neuen Aufgabenbereichs gerecht werden können. Ist der Mitarbeiter überfordert, stellen sich negative Effekte ein.
- *Intensive Mitarbeiterschulung*
  Stellen Sie eine intensive Schulung und Einlernphase der einzelnen Mitarbeiter sicher. Nur qualifizierte Mitarbeiter sind hilfreich bei der Behebung von Engpässen.

Note 3

Eine öffentlich zugängliche Vertretungsregelung ist vorhanden und allen Mitarbeitern bekannt.

Für jede Aufgabe gibt es klare Zuständigkeiten inklusive Erklärung der Zuständigkeit im Vertretungsfall. Von den einzelnen Mitarbeitern ist bekannt, über welche Qualifikationen sie verfügen und wo sie demzufolge eingesetzt werden können.

To do:

- *Führungskräfte bilden Mitarbeiter als »Ausbilder« heran*
  Durch Zunahme der verschiedensten Jobrotationsmaßnahmen sind die Führungskräfte mit der Schulung der einzelnen Mitarbeiter überlastet. Bilden Sie daher Ihre Mitarbeiter so aus, dass sie selbst in der Lage sind, andere Kollegen in ihr eigenes Aufgabengebiet einzuweisen.
- *Wissen allen zugänglich machen*
  Motivieren Sie Ihre Mitarbeiter, ihr Spezialwissen an andere weiterzugeben. Machen Sie sich bewusst, dass nur ein andauernder Austausch des vorhandenen Wissens den Fortbestand des Unternehmens sichert.

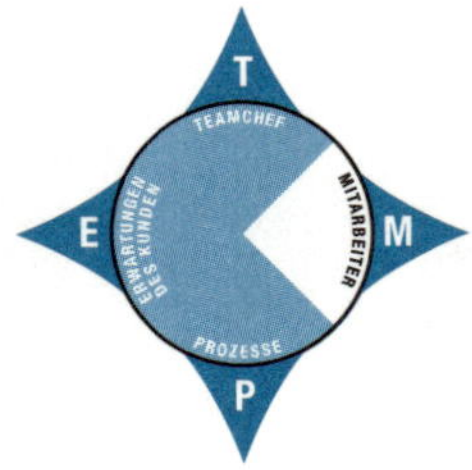

Note 2

Mitarbeiter schulen sich gegenseitig und stellen ihr Wissen bereichsübergreifend zur Verfügung.

Die Mitarbeiter haben verstanden, dass »Herrschaftswissen« dem Unternehmen und somit ihnen selbst schadet. Sie stellen bereitwillig eigenes Wissen anderen zur Verfügung und sind fähig, andere Mitarbeiter in ihren Aufgabenbereich einzuarbeiten. Etwa 75 Prozent der Mitarbeiter lassen sich bereichsübergreifend einsetzen.

To do:

- *Anpassung der Vergütung an die neuen Gegebenheiten*
  Die neue Qualifikation und Einsatzbereitschaft muss sich auch in der Vergütung der Arbeitsleistung widerspiegeln.

Note 1

Engpässe gibt es nicht, da Mitarbeiter bereichsübergreifend einsetzbar sind. Vertretungsregelungen und Schulungspläne werden laufend angepasst.

Die einzelnen Mitarbeiter sind durch Jobrotationsmaßnahmen so qualifiziert, dass sie in vielen Bereichen einsetzbar sind. Engpässe aufgrund urlaubs- oder krankheitsbedingter Ausfälle kommen nicht mehr vor, da diese von den Mitarbeitern selbstständig ausgeglichen werden.

Mitgenießen und Mitbesitzen

Weiterführende Informationen: Methodenhandbuch, Methoden Nr. 15, 29, 36, 37, 42

Service: Das Mitarbeitermotivationskonzept der »33 Rosen« finden Sie kostenlos unter www.temp-methode.de/vorlagen

Verbesserungen, Einsparungen und eine höhere Flexibilität am Markt können nur durch den Einsatz aller Mitarbeiter realisiert werden. Erfolge, die auf die Übernahme von Verantwortung und das aktive Handeln der Mitarbeiter zurückgehen, sollten fairerweise auch mit ihnen geteilt werden.

Das Verständnis des Mitarbeiters als Mitunternehmer bedeutet daher auch, dass die Mitarbeiter an den Früchten des unternehmerischen Handelns partizipieren. Klaus Kobjoll sagte in diesem Zusammenhang einmal: »Wer seine Mitarbeiter mit Erdnüssen bezahlt, muss sich nicht wundern, wenn er von lauter Schimpansen umgeben ist.«

Handlungsfeld M 6

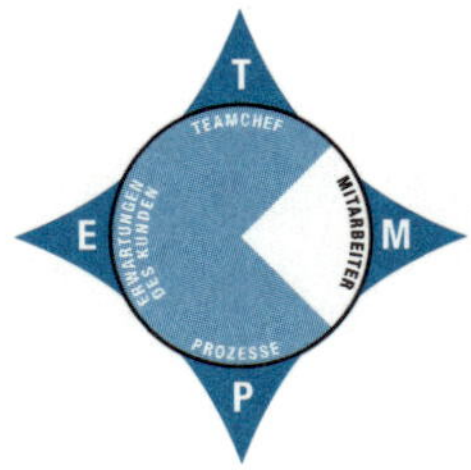

Note 6

Jeder Mitarbeiter erhält seinen Lohn bzw. sein Gehalt.

Die Leistungen der Mitarbeiter sind durch die Entlohnung abgegolten. Gemeinsam erzielte Erfolge werden nicht weiter honoriert.

To do:

- *Erfolgsbeteiligung für Führungskräfte*
  Engagieren sich Führungskräfte überdurchschnittlich und tragen dadurch entscheidend zum Erfolg des Unternehmens bei, wird dieser Zusatzerfolg über Tantiemen und Provisionen vergütet.

Note 5

Es gibt eine Erfolgsbeteiligung – allerdings nur für Führungskräfte.

Die Erfolgsbeteiligung dient dazu, Führungskräfte zu höheren Leistungen zu motivieren.

To do:

- *Erfolge feiern*
  Feiern Sie mit Ihren Mitarbeitern herausragende Erfolge, wie zum Beispiel einen umsatzstarken Monat oder herausragende Tagesleistungen, mit kleineren Geschenken (Sektfläschchen, Lebkuchenpaket, Pralinen usw.).
- *Prämien bei gutem Geschäftsergebnis*
  Ein gutes Geschäftsergebnis ist durch den Beitrag aller Mitarbeiter entstanden. Lassen Sie Ihre Mitarbeiter an diesem Erfolg auch monetär teilhaben.

Handlungsfeld M 6

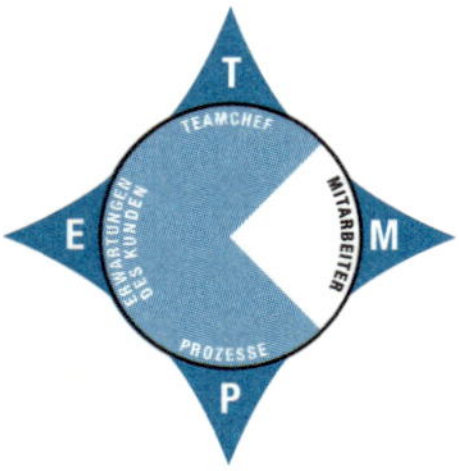

Note 4

Bei einem besonders guten Jahresergebnis wird eine einmalige Prämie an die Mitarbeiter ausbezahlt.

Mitarbeiter werden dann am Geschäftserfolg eines Jahres beteiligt, wenn dieser so gut ausgefallen ist, dass sich eine Beteiligung regelrecht aufdrängt.

Service: Spielregeln für eine »Gesundheitsprämie« finden Sie kostenlos unter www.temp-methode.de/vorlagen

To do:

- *Einführung eines Systems zur Erfolgsbeteiligung*
  Konstanter unternehmerischer Erfolg ist auf herausragende Leistungen aller Beteiligten zurückzuführen. Installieren Sie ein System, das Mitarbeiter regelmäßig (monatlich, quartalsweise) am Erfolg des Unternehmens beteiligt.
- *Prämien an Mitarbeiter, die nicht krank waren*
  Danken Sie allen Mitarbeitern, die nicht krank waren, mit einem persönlichen Brief der Geschäftsleitung. Belohnen Sie die Mitarbeiter für ihre persönliche Umsicht und Fitness durch eine Prämie.

Note 3

Alle Mitarbeiter partizipieren am Erfolg über eine regelmäßige Erfolgsbeteiligung.

Wenn es ein gutes Geschäftsjahr geworden ist, dann liegt das an den Mehrleistungen der gesamten Mitarbeiterschaft, die über die durch Lohn und Gehalt abgegoltenen Leistungen hinausgingen. Deshalb sollen auch alle Beteiligten an diesem Erfolg partizipieren.

Service: Eine nette Bildergeschichte, die erklärt, wie eine Kapitalbeteiligung funktioniert, finden Sie kostenlos unter www.temp-methode.de/vorlagen

To do:

- *Kapitalbeteiligung in Höhe vermögenswirksamer Leistungen*
  Es gibt verschiedenste Möglichkeiten, Mitarbeiter am Kapital zu beteiligen. Installieren Sie unter Beratung von Spezialisten (beispielsweise »AGP Arbeitsgemeinschaft Partnerschaft in der Wirtschaft«, Kassel) eine auf Ihre unternehmerische Situation zugeschnittene Kapitalbeteiligung.

Handlungsfeld M 6

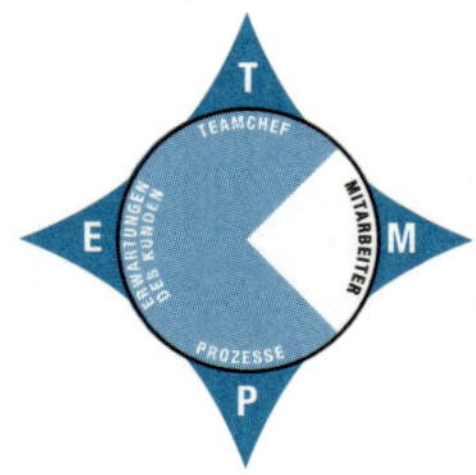

Note 2

Neben der Erfolgsbeteiligung gibt es auch die Möglichkeit, dass sich der Mitarbeiter in geringer Form am Kapital des Unternehmens beteiligt.

Die Mitarbeiter sind durch einige wenige Prozente am Kapital des Unternehmens beteiligt. Parallel dazu erhalten Mitarbeiter eine regelmäßige Erfolgsbeteiligung.

To do:

- *Substanzielle Kapitalbeteiligung*
  Die Möglichkeit der Mitarbeiter, sich stärker am Kapital des Unternehmens zu beteiligen, lässt die Bindung des Einzelnen und auch sein Interesse am Unternehmen steigen. Erarbeiten Sie eine Form der Kapitalbeteiligung, die Mitarbeiter auch finanziell zu Mitunternehmern werden lässt.
- *Mitarbeiterbezogene Kennzahlen ermitteln*
  Ermitteln Sie Kennzahlen rund um das Thema Mitarbeiterqualifikation, Mitarbeitermotivation usw. Beispiele für solche Kennzahlen sind
  - Krankheitsquote
  - Fluktuation
  - Zufriedenheit
  - Loyalität
  - usw.

tempus-Consulting führt regelmäßig solche Befragungen in Zusammenarbeit mit der Firma persolog in Remchingen durch.

Note 1

Es gibt die Möglichkeit einer substanziellen Kapitalbeteiligung für alle Mitarbeiter. Die Kennzahlen für das Mitarbeiterengagement sind besser als der Branchenschnitt.

Der einzelne Mitarbeiter ist auch in finanziellen Fragen zum Mitunternehmer bzw. Anteilseigner geworden. Sein Interesse am wirtschaftlichen Erfolg des Unternehmens ist dadurch stark ausgeprägt.

Ihre ausgeprägte Mitarbeiterorientierung zeigt sich auch an den Kennzahlen. Sie gelten in Ihrer Branche als beispielgebend.

Erfolgsfaktor »Mitarbeiter« – Handlungsfeld M 7

Mitarbeiter wertschätzen (Sinn bieten)

Weiterführende Informationen: Methodenhandbuch, Methoden Nr. 9, 29, 30, 37, 38, 40, 41

Immer weniger Mitarbeiter arbeiten ausschließlich für Geld. Sie wollen mehr: Ehrlichkeit, Wahrhaftigkeit und Verzicht auf Manipulation. Sie suchen Lob und Anerkennung für das, was sie tun, und ein von Vertrauen geprägtes Arbeitsumfeld.

Das Warten auf das Wochenende ist für viele Mitarbeiter zu wenig. Ihre tägliche Arbeit muss etwas mit ihrer persönlichen Entfaltung zu tun haben und ihnen Sinn bieten. Im Handlungsfeld M 7 stellen wir Ihnen zentrale Elemente der Mitarbeiterwertschätzung und -motivation vor:

- Ständiges Loben und Mutmachen.
- Bewerten und Fördern der Mitarbeiter. Denn weiß der Mitarbeiter, wo er steht, kann er sein Potenzial mit der Unterstützung des Unternehmens weiter ausbauen.
- Durch eine gemeinsam gelebte Wertebasis zu einer geistgeprägten Unternehmenskultur.
- Schaffen einer Kultur, die Freiräume für individuelle Entwicklungen möglich macht.

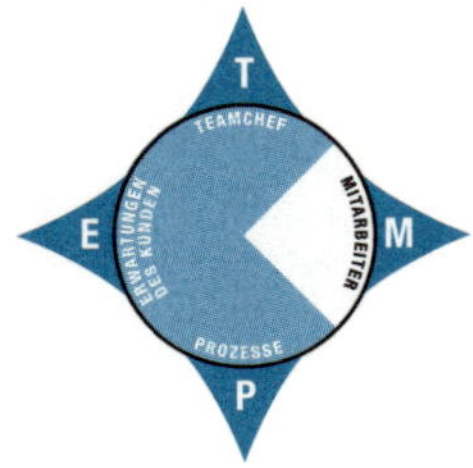

Note 6

Angst und Druck dominieren. Die Mitarbeiter werden als Kostenfaktor gesehen.

Mitarbeiter stellen ein notwendiges Übel dar. Aus Sicht des Unternehmers leisten sie nicht genug und produzieren somit in erster Linie Kosten. Die Mitarbeiterführung besteht darin, jeden Arbeitsschritt zu kontrollieren und bei Fehlern mit Konsequenzen zu drohen.

To do:

- *Ermittlung der Gründe für unzureichende Arbeitsleistung*
  Fragen, die es zu beantworten gilt:
  - Arbeiten die Mitarbeiter in einem Umfeld, das ihnen eine optimale Arbeitsleistung ermöglicht?
  - Was führt zur Unzufriedenheit der Mitarbeiter?
- *Realistische Selbsteinschätzung*
  Finden Sie heraus:
  - »Wie erleben mich die Mitarbeiter als Führungskraft?« Vergleichen Sie das Ergebnis mit Ihrer Selbsteinschätzung. Arbeiten Sie bei Abweichungen an deren Verbesserung.
  - Was heißt für Sie, Mitarbeiter mit Würde und Respekt zu behandeln?

Note 5

Die Unternehmensleitung erkennt zunehmend, dass ihre Maschinen besser gepflegt werden als ihre Mitarbeiter.

Gute Leistungen der Mitarbeiter werden nach dem Grundsatz behandelt: »Nichts gesagt ist genug gelobt.« Das Betriebsklima und die fehlende Bereitschaft der Mitarbeiter zu herausragenden Leistungen lassen erkennen, dass einige Faktoren für hervorragende Arbeitsleistung im Unternehmen nicht vorhanden sind.

To do:

- *Loben der Mitarbeiter*
  Lob beruht auf der Erkenntnis, dass Ermutigung statt Fehlersuche immense Energie freisetzt. Beachten Sie folgende Tipps:
  - Loben Sie sofort.
  - Nennen Sie die Sache konkret beim Namen.
  - Seien Sie emotional und ehrlich.
  - Ermutigen Sie den Mitarbeiter zur Weiterarbeit.
- *Mitarbeiterbedürfnisse abfragen*
  Ermitteln Sie bei Ihren Mitarbeitern deren Bedürfnisse für ein positives Arbeitsumfeld.
- *Bewertung von oben nach unten*
  Es schafft Klarheit, wenn Mitarbeiter regelmäßig ein schriftliches Feedback erhalten.

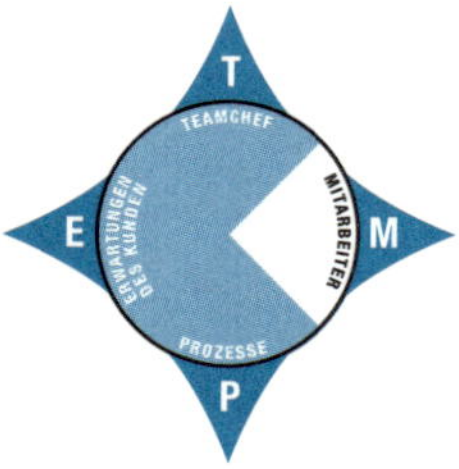

Note 4

Die Mitarbeiterbedürfnisse werden erfragt und erste Erkenntnisse umgesetzt. Nur nach herausragender Leistung erhalten Mitarbeiter ein Feedback.

Die Mitarbeiterbedürfnisse werden durch Abfragen grob ermittelt. Es wird gelobt – nach herausragender Leistung. Die Mitarbeiter werden regelmäßig schriftlich beurteilt.

To do:

- *Kontinuierliches Erfragen der Mitarbeiterbedürfnisse*
  Mitarbeiter sind leistungsbereiter, wenn das Umfeld, in dem sie arbeiten, motivierend ist und sich an ihren Bedürfnissen orientiert. Durch eine einmalige Ermittlung der Mitarbeiterbedürfnisse sind die Ergebnisse unvollständig. Außerdem wandeln sich die Bedürfnisse. Wiederholen Sie daher die Umfrage alle zwei bis drei Jahre.
- *Faire und effektive Kritik*
  - Benennen Sie die Sache konkret.
  - Beschreiben Sie, wie Sie emotional auf die Situation reagieren.
  - Betonen Sie, dass Sie viel von der Person halten, aber nicht von der Leistung in der speziellen Situation.
  - Wenn die Kritik vorbei ist, ist sie vorbei!

Note 3

Die Mitarbeiter stehen mit ihren Wünschen und Bedürfnissen bewusst im Mittelpunkt. Der Chef ist ein Mutmacher.

Es wurde verstanden, dass einer der zentralen Faktoren für unternehmerischen Erfolg in motivierten, leistungsbereiten und flexiblen Mitarbeitern zu finden ist. Die Führungskräfte suchen bewusst nach Anlässen, um ihre Mitarbeiter zu loben und zu ermutigen. Einsichten aus dem persolog® Persönlichkeits-Profil werden zur typgerechten Motivation genutzt.

Service: Einen Beurteilungsbogen für Vorgesetzte finden Sie kostenlos unter www.temp-methode.de/vorlagen

To do:

- *Bewertung von unten nach oben*
  Mitarbeiter beurteilen ihre Chefs z. B. in Bezug auf das Verhalten zu Mitarbeitern, die Fähigkeit, unternehmerisch zu handeln, sowie auf die Kundenorientierung. Die Ergebnisse werden veröffentlicht.
- *Entwicklung einer gemeinsamen Wertebasis (Shared Values)*
  Die Basis für eine geistgeprägte Unternehmenskultur sind gemeinsam getragene Werte. Entwickeln Sie zusammen mit Ihren Mitarbeitern diese gemeinsame Wertebasis unter Zuhilfenahme von Moderatoren, die diesen Prozess begleiten (beispielsweise »Shared Values« von persolog in Remchingen).

Note 2

Eine Kultur des Lobens, Förderns und Bewertens wird praktiziert. An einer gemeinsamen Wertebasis wird gearbeitet.

Handlungsfeld M 7

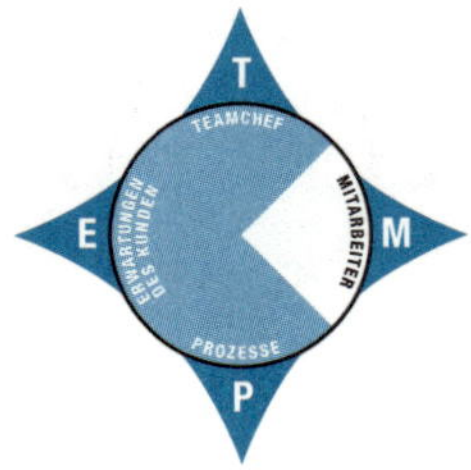

Die Führungskräfte lassen sich regelmäßig bewerten und bewerten ihrerseits ihre Mitarbeiter. Mitarbeiter werden gezielt gefördert und situativ geführt.

Das Unternehmen gewinnt über seine gelebte Wertebasis eine neue Ausstrahlung. Menschen mit den gleichen Wertmaßstäben werden durch diese Kultur angezogen und bewerben sich um eine Mitarbeit im Unternehmen.

To do:

- *Coaching*
  Fördern Sie durch Coaching Ihre Mitarbeiter, so dass sie ihr volles Potenzial entfalten können.
- *Schrittweise Entwicklung eines Arbeitsumfelds, das »Lust an Leistung« hervorruft*
  Alles zielt darauf ab, ein Umfeld zu schaffen, in dem sich A-Mitarbeiter nicht nur wohlfühlen, sondern langfristig an das Unternehmen gebunden werden. Dies umfasst alles von gesunder Büroeinrichtung, flexiblen Arbeitszeiten, interessanten Tätigkeiten bis hin zu überzeugenden Unternehmenswerten.

Note 1

Das Unternehmen ist geprägt von »Lust an Leistung«. Die Mitarbeiter finden Sinn in ihrer Arbeit und werden zu »Kulturmissionaren«.

Mitarbeiter werden ganzheitlich gefördert. Geld ist in erster Linie ein »Hygienefaktor«. Aber echte Motivation entsteht durch sinnvolle Arbeitsinhalte, Team und Spaß. Hier tummeln sich A-Kräfte und »schießen« mit Begeisterung »Tore« für das Unternehmen.

Früher warteten Mitarbeiter auf das Wochenende, um sich selbst verwirklichen zu können. Durch eine neue Eigenverantwortung und die damit verbundene Freude an der Arbeit findet der Mitarbeiter Erfüllung und Wertschätzung. Ehrlichkeit und das Stehen zu eigenen Fehlern kennzeichnen das neue Betriebsklima. Diese erneuerte Unternehmensführung gibt der Arbeit Sinn. Gleichzeitig verstehen sich immer mehr Mitarbeiter als »Kulturmissionare«.

Tipps zum Weiterlesen

Kenneth Blanchard und Spencer Johnson: *Der Minuten-Manager.* Hamburg 2002 (Darin enthalten: Das Ein-Minuten-Lob, die Ein-Minuten-Kritik, das Ein-Minuten-Ziel).

Marcus Buckingham: *Entdecken Sie Ihre Stärken jetzt!* Frankfurt/New York 2007.

Friedbert Gay (Hg.): *persolog® Persönlichkeits-Profil.* Offenbach 2004.

Jörg Knoblauch und Jürgen Kurz: *Die besten Mitarbeiter finden und halten.* Frankfurt/New York 2007.

Klaus Kobjoll: *Motivaction. Begeisterung ist übertragbar.* Frankfurt am Main 2004.

Lothar J. Seiwert und Friedbert Gay: *Das 1x1 der Persönlichkeit.* Remchingen 2005.

Reinhard K. Sprenger: *Mythos Motivation. Wege aus einer Sackgasse.* Frankfurt /New York 2007.

tempus: *Informationsbroschüre für Mitarbeiter. Miteinander arbeiten, miteinander reden, miteinander unternehmen.* (Zu beziehen bei tempus GmbH, Postfach 14 20, 89529 Giengen, www.tempus.de).

tempus: *Lebensbuch. Von der Uhr zum Kompass.* (Zu beziehen bei tempus GmbH, Postfach 14 20, 89529 Giengen, www.tempus.de).

Video: *Motivierte Mitarbeiter: Management von morgen?* (45-minütige Reportage über Prof. Dr. Jörg Knoblauch. Zu beziehen bei tempus GmbH, Postfach 14 20, 89529 Giengen, www.tempus.de).

Rolf Wunderer: *Führung und Zusammenarbeit.* Köln 2007.

Erfolgsfaktor IV: Prozesse

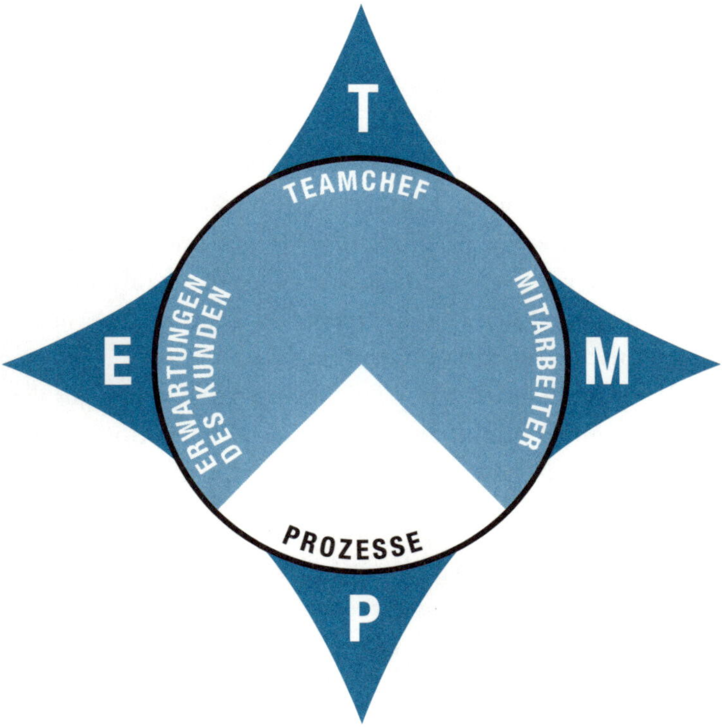

Im Erfolgsfaktor IV geht es um das genaue Untersuchen aller Prozesse, die im Unternehmen ablaufen. Wenn Sie das Ziel haben, besser, schneller und kostengünstiger zu sein als der Wettbewerb, dann geht dies nicht ohne kontinuierliche Prozessverbesserungen.

Systematisch besser werden

Nur durch die Arbeit in Problemlösegruppen sind Sie in der Lage, die täglichen Probleme als Herausforderung anzunehmen.

Es gilt, durch saubere und durchorganisierte Arbeitsplätze und Abläufe die Produktivität des Unternehmens zu erhöhen.

Im Rahmen der Verbesserung der Prozesse sollten Sie dem bekannten PDCA-Zyklus (nach W. E. Deming) folgen:

P	=	plan	(Planen)
D	=	do	(Durchführen)
C	=	check	(Prüfen)
A	=	act	(Verbessern)

Der PDCA-Zyklus

- »Planen« heißt, sich ein Ziel zu setzen. Definieren Sie, was in welchem Bereich verbessert werden soll.
- »Durchführen« heißt, anhand der Aktions- und Maßnahmenpläne die vorgesehenen Verbesserungen durchzuführen.
- »Prüfen« bedeutet, immer wieder zu kontrollieren, ob die gewünschten Verbesserungen eingetreten sind.
- »Verbessern« heißt, die Verbesserungsmaßnahmen auf ihre Wirksamkeit hin zu analysieren und – falls erforderlich – korrigierend einzugreifen.

»PDCA« bedeutet, sich nie mit einem Zustand zufriedenzugeben, sondern immer weitere Verbesserungen anzustreben.

Neben den Hauptprozessen der Wertschöpfungskette Kunde, Auftrag, Einplanung, Produktion, Kontrolle und Versand werden wir auch die vielen Neben- und Unterprozesse untersuchen, die die Hauptprozesse maßgeblich beeinflussen können.

Nie stehen bleiben

Natürlich müssen die Erfolge der Prozessverbesserung auch überprüft und laufend gemessen werden: »If you don't score – you just practise.«, zu Deutsch etwa: »Wenn Sie Ihre Leistungen nicht messen, üben Sie nur.«

Durch Zielvereinbarungen, Kennzahlen und regelmäßiges Feedback stellen Sie sicher, dass der Erfolg der Prozessverbesserungen auch nachhaltig ist.

Im Rahmen der sieben Handlungsfelder lernen Sie, den Verbesserungskreislauf in Gang zu halten und langfristige Erfolge zu erzielen. Die abgebildete Treppe zeigt die Zusammenhänge im Bereich Prozesse.

Verbesserungen prüfen und bewerten

Es gilt der Grundsatz: Nur wer dauerhaft Ordnung und Sauberkeit hält, kann Qualität produzieren (Ordnung halten und Qualität verbessern). Wichtig ist, dass zunächst die Qualität stimmen muss und erst dann die Termintreue gesteigert werden kann. Zeitdruck darf nie zu schlechter Qualität führen. Der nächste Schritt besteht darin, die Abläufe zu optimieren, um noch schneller und besser zu werden. Ist das geschafft, können die Bestände reduziert werden. Ziel ist dann, das gleiche Ergebnis mit niedrigeren Beständen zu erreichen und damit den Return on Investment zu steigern. Zu messen, wie gut das gelingt, ist Aufgabe von Handlungsfeld 6 (Arbeitseffizienz messen). Die überbetriebliche Aufgabe besteht darin, die Netzwerkbeziehungen zu entwickeln.

Schritt für Schritt nach oben

Erfolgsfaktor IV Prozesse

Geben Sie sich für jedes Handlungsfeld eine Note. Kreuzen Sie dazu in jeder Zeile ein Kästchen an, das Ihre Situation am besten beschreibt.

Datum:	Note 6	Note 5
Handlungsfeld 1 **Ordnung halten**	Man sieht, dass schon lange nicht mehr aufgeräumt wurde. An Infotafeln hängen teilweise alte, verschmutzte und zerrissene Mitteilungen. ☐	Es liegen keine momentan nicht benötigten Gegenstände (Werkzeuge, Dokumente, Aktenordner) herum. Arbeitsmittel werden nicht systematisch aufbewahrt. ☐
Handlungsfeld 2 **Qualität verbessern**	Die Leistungserstellung erfolgt »wie immer«. Häufige Reklamationen sind die Folge. Fehler werden behoben, ohne jedoch die Fehlerquelle zu beseitigen. ☐	Die Leistungserstellung wird ohne die Berücksichtigung der Erwartungen der Kunden geplant. Die Qualität wird durch die Qualitätssicherung regelmäßig überprüft. ☐
Handlungsfeld 3 **Termintreue steigern**	Termine werden zugesagt, jedoch gehören lange Wartezeiten eher zur Regel als zur Ausnahme. Kunden sind wegen der Unzuverlässigkeit verärgert. ☐	Über die Messung und Steigerung der Termintreue wird diskutiert. Kunden werden verspätet oder gar nicht informiert. ☐
Handlungsfeld 4 **Abläufe optimieren**	Vorgegebene Arbeitsprozesse werden nicht hinterfragt. Verbessert wird nur dann, wenn es Ärger gibt. Es existiert ein hoher Planungsaufwand. ☐	Führungskräfte haben erkannt, dass kontinuierliche Verbesserungen der internen Abläufe nötig sind und beginnen in einzelnen Bereichen mit Optimierungen. ☐
Handlungsfeld 5 **Bestände reduzieren**	Um Probleme im Ablauf zu verbergen, werden hohe Lagerbestände aufgebaut. Unnötige Bestände stapeln sich im gesamten Unternehmen. ☐	Ihre Führungskräfte haben erkannt, dass die Bestände zu hoch sind und arbeiten punktuell an der Reduzierung der Bestände. ☐
Handlungsfeld 6 **Arbeitseffizienz messen**	Die Arbeitseffizienz wird nicht gemessen. Der Vorgesetzte gibt das Arbeitspensum vor. ☐	Die Mitarbeiter arbeiten anhand von Tagesaufgaben bzw. Arbeitsplänen. Die Vorgaben sind wenig verlässlich, da sie teilweise veraltet sind. ☐
Handlungsfeld 7 **Netzwerkbeziehungen entwickeln**	Die Lieferantenbeziehungen sind auf die notwendigsten Kontakte (Preisverhandlungen, Qualität) beschränkt. Beziehungen zu sonstigen Netzwerkpartnern werden nicht gepflegt. ☐	Das Unternehmen und die Lieferanten sind sich im Klaren, dass sie Partner sind. Es findet ein Informationsaustausch statt. ☐

Note 4	Note 3	Note 2	Note 1
Alle benötigten Werkzeuge und Dokumente (Papier und digital) werden übersichtlich aufbewahrt. Vereinzelt beginnen Mitarbeiter, selbstständig Ordnung zu halten. ☐	Werkzeuge und Formulare sind beschriftet sowie sortiert und werden von Mitarbeitern schnell gefunden. Viele Mitarbeiter beginnen, selbstständig ihr Arbeitsumfeld zu standardisieren. ☐	Wartungs- und Reinigungspläne sind für das gesamte Unternehmen vorhanden. Es gibt unternehmensweite Ordnungsstandards für Regale, Schränke und Dateien. ☐	Regale, Schränke und digitale Ablageorte sind optimal organisiert und werden laufend verbessert. Alle Mitarbeiter leben die Standards für Sauberkeit und Ordnung. ☐
Die Erwartungen der Kunden sind Grundlage für das Planen der Leistungserstellung. Jeder Mitarbeiter ist für die Qualität seiner Arbeit verantwortlich. Fehler werden analysiert. ☐	In Qualitätszirkeln werden Fehler aufgegriffen und Korrekturmaßnahmen eingeleitet. Die Visualisierung von Fehlern wird zunehmend standardisiert. ☐	Alle Mitarbeiter verstehen das Prinzip »Fehlervermeidung vor Fehlerentstehung«. Jeder Fehler wird als Herausforderung zur Verbesserung gesehen. ☐	Systeme für fehlerfreie Produkte und Prozesse werden für den gesamten Wertschöpfungsprozess angewandt (inkl. externe Prozessbeteiligte). ☐
Die Termintreue wird gemessen und beträgt 70 Prozent. Kunden werden über Verspätungen informiert. Das gilt auch für Projekte von Kollegen (interne Kunden). ☐	Die Termintreue konnte auf 80 Prozent gesteigert werden. Alle Planungen erfolgen systematisch. Kunden werden bereits vorab über die Terminverschiebung informiert. ☐	Die Termintreue liegt bei 95 Prozent. Termine sind optimal kalkuliert, sodass interne und externe Kunden zufrieden gestellt werden können. ☐	Die Termintreue wird anhand des Kundenwunschtermins gemessen. Ihre Termintreue gilt in der Branche als erstklassig. ☐
Die Mitarbeiter erkennen zunehmend Verschwendung und beginnen von sich aus, vereinzelt Abläufe zu optimieren. ☐	Mitarbeiter greifen Probleme auf und lösen diese systematisch allein oder in Kleingruppen (KVP). Verschwendung wird somit systematisch beseitigt. ☐	Bei jeder Tätigkeit wird überprüft, ob sie zur Wertschöpfung beiträgt. Die Kernprozesse sind identifiziert und dokumentiert. Verantwortliche wurden ernannt. ☐	Produktivitätssteigerungen von 30 bis 40 Prozent (gegenüber Note 6) sind realisiert. Die Durchlaufzeiten wurden halbiert. ☐
Jeder Mitarbeiter in Ihrem Unternehmen hat erkannt, dass Bestandssenkung zu einem reibungsloseren Ablauf der Prozesse führt. ☐	Alle Mitarbeiter haben erkannt, dass unter Beständen nicht nur Lagerbestände zu verstehen sind, sondern auch Maschinen, Autos, Akten, Büroflächen, Forderungen usw. ☐	Sämtliche Bestände des Anlage- und Umlaufvermögens werden hinsichtlich der Notwendigkeit überprüft und dem Bedarf angepasst. ☐	Durch systematische Verbesserungen wurden minimale Bestände erreicht. Im gesamten Unternehmen sind selbststeuernde Regelkreise (Kanban) installiert. ☐
Die Arbeitseffizienz einiger Arbeitsplätze wird regelmäßig gemessen. Dazu wurden Kennzahlen erarbeitet. ☐	Es gibt messbare Ziele zur Leistungssteigerung für alle Arbeitsplätze (auf Basis aussagekräftiger Kennzahlen). Jeder Mitarbeiter möchte ständig besser werden. ☐	Die Mitarbeiter erreichen kontinuierliche Leistungssteigerungen. Mitarbeiter mit ähnlichen Aufgaben bewerten sich gegenseitig (internes Benchmarking). ☐	Das Unternehmen vergleicht sich ständig mit anderen Unternehmen, um weitere Leistungssteigerungen zu erzielen (externes Benchmarking). ☐
Lieferanten werden bewertet und regelmäßig auditiert. Die Netzwerkentwicklung wird systematisch durch Qualitätszirkel usw. ausgeübt. ☐	Lieferanten werden anhand der vier TEMP-Erfolgsfaktoren gemessen. Es finden regelmäßige Treffen mit allen Netzwerkpartnern statt. ☐	Netzwerkpartner werden in Produkt- und Prozessentwicklungen mit einbezogen (z. B. Lieferanten, Designer, Hochschulen usw.). ☐	Ihre Lieferanten konnten die Produktivität steigern und die Lieferzeiten reduzieren. Zahlreiche Partner sind wie eine interne Abteilung in das Unternehmen integriert. ☐

Erfolgsfaktor »Prozesse« – Handlungsfeld P 1

Ordnung halten

»Das Genie beherrscht das Chaos.« *Albert Einstein*
»Das Genie beherrscht SEIN Chaos.« *Jürgen Kurz*

Weiterführende Informationen: Methodenhandbuch, Methoden Nr. 43, 44, 45, 46

Hinter diesen Aussprüchen verstecken sich viele, weil sie noch nicht erkannt haben, dass in einem sauberen und ordentlichen Arbeitsumfeld produktiver gearbeitet werden kann. Das Schaffen von Ordnung und Sauberkeit reduziert die Verschwendung von Arbeitskraft und Arbeitszeit und hilft allen im Unternehmen.

Durch das kontinuierliche Vorantreiben von Ordnung und Sauberkeit und durch das Schaffen von Standards wird die Effizienz im täglichen Arbeitsablauf deutlich gesteigert. Die Wertschöpfung in allen Bereichen erhöht sich messbar.

Ordnung und Sauberkeit sind die Basis für alle weiteren Verbesserungsaktivitäten. Sie sind Grundlage für Unternehmensziele wie »kostengünstiger, schneller und qualitativer produzieren« und erhöhen die Zufriedenheit und somit die Motivation aller Mitarbeiter.

Handlungsfeld P 1

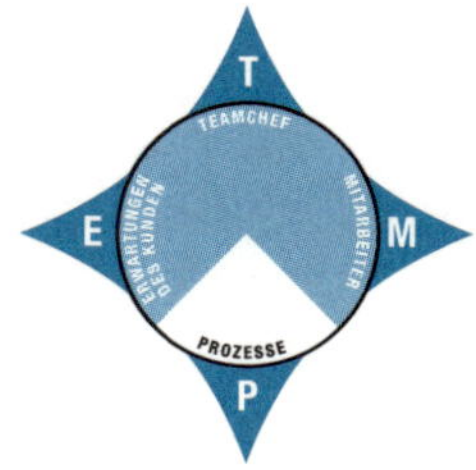

Note 6

Man sieht, dass schon lange nicht mehr aufgeräumt wurde. An Infotafeln hängen teilweise alte, verschmutzte und zerrissene Mitteilungen.

Schreibtische und Werkbänke sind nicht organisiert. Arbeitsunterlagen oder Werkzeuge stapeln sich auf den Arbeitsplätzen. Es herrscht »Chaos«.

To do:

- *Aussortieren aller unnötigen Dinge*
  Werfen Sie ausgetrocknete Stifte, nicht benötigte, verstaubte Teile weg! Sortieren Sie Schränke und Regale aus. Stellen Sie sicher, dass sich nur noch Dinge am Arbeitsplatz befinden, die unmittelbar gebraucht werden. Nützliche Informationen finden Sie unter www.fuer-immer-aufgeraeumt.de
- *Arbeitsplatz reinigen*
  Starten Sie eine Sonderaktion. Beseitigen Sie zusammen mit Ihren Mitarbeitern den Schmutz der letzten Jahre.
- *Dokumentation der Ergebnisse*
  Dokumentieren Sie den Zustand vor dem Aussortieren und Reinigen und danach. Visualisieren Sie die Ergebnisse auf einer Infotafel.

Service: 5 A's für Ordnung und Sauberkeit finden Sie kostenlos unter www.temp-methode.de/vorlagen

Note 5

Es liegen keine momentan nicht benötigten Gegenstände (Werkzeuge, Dokumente, Aktenordner) herum. Arbeitsmittel werden nicht systematisch aufbewahrt.

Einige Mitarbeiter haben erkannt, dass in einer sauberen, ordentlichen Arbeitsumgebung produktiver gearbeitet werden kann. Abfälle werden getrennt entsorgt. Es gibt aber ansonsten keine Standards für Ordnung und Sauberkeit.

To do:

- *Verantwortliche benennen*
  Benennen Sie für jeden Arbeitsplatz oder für jede Abteilung einen Verantwortlichen für Ordnung und Sauberkeit.
- *Verantwortlichkeit visualisieren*
  Hängen Sie an jeden Arbeitsplatz oder in jede Abteilung ein Schild: »Verantwortlich für Ordnung und Sauberkeit an diesem Arbeitsplatz ist: (Name).«
- *Organisation der Ablage*
  Schaffen Sie eine einheitliche Organisation der Ablage von Dokumenten im PC oder im Schrank. Eine doppelte Ablage von Dokumenten soll vermieden werden.

Service: W-Fragen für die Ablage finden Sie kostenlos unter www.temp-methode.de/vorlagen

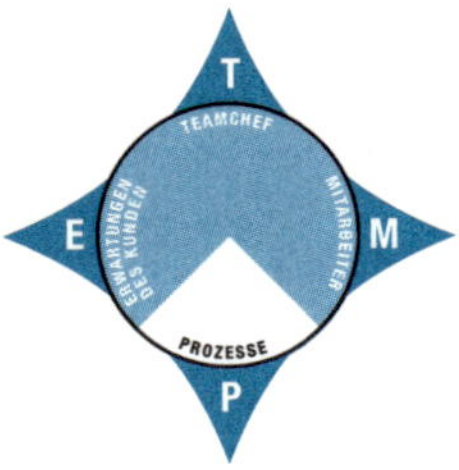

Note 4

Alle benötigten Werkzeuge und Dokumente (Papier und digital) werden übersichtlich aufbewahrt. Vereinzelt beginnen Mitarbeiter, selbstständig Ordnung zu halten.

Jeder Arbeitsplatz ist so gut organisiert, dass sofort erkannt werden kann, welche Arbeit erledigt ist und welcher Auftrag als Nächstes zur Bearbeitung ansteht. Auch ein überraschender Besuch eines Kunden hinterlässt einen guten, sauberen Eindruck.

To do:

- *Schaffen Sie Standards*
  - Ordnen Sie Werkzeuge, Prüfmittel, Dokumente sowie Aktenordner nach ihrer Zugriffshäufigkeit.
  - Schaffen Sie einen einheitlichen Aufbau von Infotafeln (Schwarzes Brett). Benennen Sie für jede Rubrik auf der Infotafel einen Verantwortlichen.
- *Checklisten erstellen*
  Erstellen Sie gemeinsam mit den Verantwortlichen Checklisten. Mithilfe der Checklisten kann der momentane Zustand des Arbeitsplatzes bewertet werden. Außerdem können mit ihrer Hilfe Ziele für das nächste Quartal definiert werden.

Note 3

Werkzeuge und Formulare sind beschriftet sowie sortiert und werden von Mitarbeitern schnell gefunden. Viele Mitarbeiter beginnen, selbstständig ihr Arbeitsumfeld zu standardisieren.

Dokumente, Werkzeuge und Material sind eindeutig gekennzeichnet. Die Mitarbeiter aus den einzelnen Abteilungen bewerten sich gegenseitig anhand des Unternehmenstests »P«.

To do:

- *Reinigungs- und Wartungspläne erstellen*
  - Erstellen Sie einen Reinigungsplan für jeden Arbeitsplatz.
  - Erstellen Sie Wartungspläne für jede Maschine in der Produktion und für jedes Gerät im Büro (Drucker, Kopierer usw.).
- *Bestände kennzeichnen*
  Kennzeichnen Sie minimale und maximale Bestände von Büro- und Produktionsmaterial.
- *Regale beschriften*
  Beschriften Sie alle Regale, Schränke und Schubladen.
- *Unternehmensweite Standards festlegen*
  Setzen Sie sich mit den Mitarbeitern zusammen und legen Sie arbeitsplatzübergreifende Standards fest. Dazu gehört auch die Vereinbarung von Vertretungsregelungen.

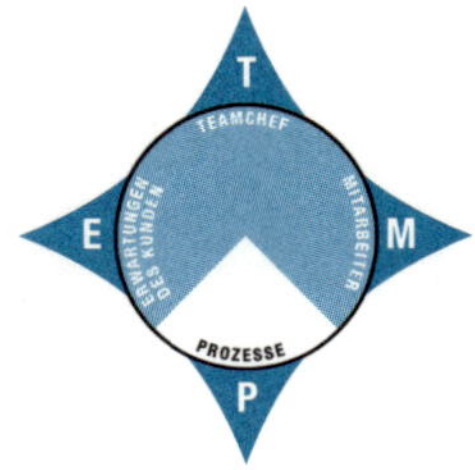

Note 2

Wartungs- und Reinigungspläne sind für das gesamte Unternehmen vorhanden. Es gibt unternehmensweite Ordnungsstandards für Regale, Schränke und Dateien.

Alle Arbeitsplätze sind optimal organisiert. Jedes Dokument oder Werkzeug wird auch von abteilungsfremden Mitarbeitern innerhalb von einer Minute gefunden.

To do:

- *Selbststeuernde Systeme (Kanban, s. S. 174, Note 3) aufbauen*
  Steuern Sie Büro- oder Produktionsmaterial über Kanban und erhöhen Sie so die Materialverfügbarkeit.
- *Regelmäßige Schulung*
  Damit Mitarbeiter dauerhaft an Verbesserungen arbeiten können, brauchen sie neue Ideen. Diese erhalten Sie z. B. durch Schulungen.
- *Ständig verbessern*
  »Nichts ist so gut, dass es nicht noch weiter verbessert werden kann.« Deshalb ist es wichtig, sich in regelmäßigen Abständen mit den Mitarbeitern zusammenzusetzen, um weitere Verbesserungen zu besprechen.
- *Aktivitäten visualisieren*
  Visualisieren Sie alle Maßnahmen zur Erreichung der Note 1 im Handlungsfeld P 1 an der Infotafel und kontrollieren Sie die Einhaltung.

Note 1

Regale, Schränke und digitale Ablageorte sind optimal organisiert und werden laufend verbessert. Alle Mitarbeiter leben die Standards für Sauberkeit und Ordnung.

Es ist Siegerehrung. Abteilungen oder Arbeitsplätze, die mit Note 1 beurteilt wurden, erhalten eine Auszeichnung.

Es gilt nun, die Note durch kontinuierliche Verbesserungen und Standards zu halten. Besichtigen Sie mit Ihren Führungskräften und Mitarbeitern regelmäßig TOP-Firmen, um neue Ideen zu bekommen. Anregungen für eine preisgekrönte Büroorganisation finden Sie bei Seminaren und Besichtigungen der Firma tempus.

Qualität verbessern

Weiterführende Informationen: Methodenhandbuch, Methoden Nr. 27, 44, 49, 50, 51

An Qualität hat jeder Mitarbeiter im Unternehmen Anteil, auf jeder Ebene und in jeder Funktion. Deshalb ist es wichtig, Qualität nicht aus der Sicht der einzelnen Abteilungen und Funktionen zu betrachten, sondern aus der Sicht des gesamten Prozesses.

Fehler möglichst frühzeitig zu erkennen und – noch wichtiger – das Auftreten von Fehlern möglichst zu verhindern ist die Grundeinstellung moderner Qualitätssicherung: Es ist kostengünstiger, Fehler zu vermeiden, als sie durch Kontrolle zu erkennen und abzustellen.

Ein Qualitätssicherungssystem wird nur dann voll wirksam, wenn alle Mitarbeiter und Führungskräfte mit einbezogen werden. Jeder Mitarbeiter muss sich gleichzeitig als interner Lieferant und als interner Kunde verstehen. Grundsätzlich muss jeder Mitarbeiter die Verantwortung für seine eigene Arbeitsqualität tragen. Es gilt: Qualität wird nicht kontrolliert, Qualität wird produziert!

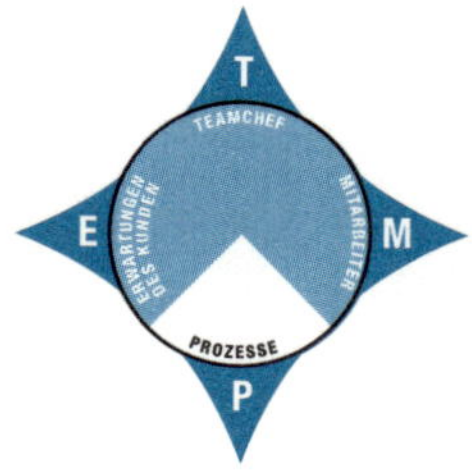

Note 6

Die Leistungserstellung erfolgt »wie immer«. Häufige Reklamationen sind die Folge. Fehler werden behoben, ohne jedoch die Fehlerquelle zu beseitigen.

Qualitätsprüfung ist Aufgabe von Qualitätsprüfern. Alle Qualitätsprobleme werden in der zentralen Qualitätssicherung gesammelt. Die Ursachen werden selten abgestellt. Die Mitarbeiter können nicht selbstständig entscheiden, was »gut« und was »schlecht« ist.

To do:

- *Mitarbeiter sensibilisieren*
  Wenn Ihr Mitarbeiter die Frage stellt, ob die hergestellten Produkte oder Dienstleistungen gut oder schlecht sind, stellen Sie ihm regelmäßig folgende Frage: »Würden Sie als Kunde dieses Produkt in diesem Zustand kaufen?«
- *Interner/Externer Kunde*
  Machen Sie Ihren Mitarbeitern klar, dass es neben externen Kunden, an die Sie Ihre Produkte verkaufen, auch interne Kunden gibt. Jeder Mitarbeiter soll seine internen Kunden definieren.

Note 5

Die Leistungserstellung wird ohne die Berücksichtigung der Erwartungen der Kunden geplant. Die Qualität wird durch die Qualitätssicherung regelmäßig überprüft.

Das Unternehmen ist noch sehr stark mit sich selbst beschäftigt. Dass letztlich der Kunde entscheidet, welche Qualität akzeptabel ist, hat sich noch nicht in den Köpfen der Mitarbeiter durchgesetzt. Es wird viel Zeit für die Bearbeitung von Kundenreklamationen (intern und extern) verschwendet.

To do:

- *Nur noch Qualität weitergeben*
  Weisen Sie Ihre Mitarbeiter an, nur noch vollständig bearbeitete Vorgänge an den nächsten Kunden weiterzugeben.
- *Reklamationen an öffentlichen Stellen im Betrieb aushängen*
  Stellen Sie sicher, dass jeder Mitarbeiter über Kundenreklamationen informiert wird. Vom Kunden zurückgeschickte Produkte oder Beschwerden von enttäuschten Kunden werden in der Produktion und im Büro visualisiert.
- *Qualitätskosten*
  Veröffentlichen Sie entstandene Kosten durch fehlerhafte Produkte oder Dienstleistungen.

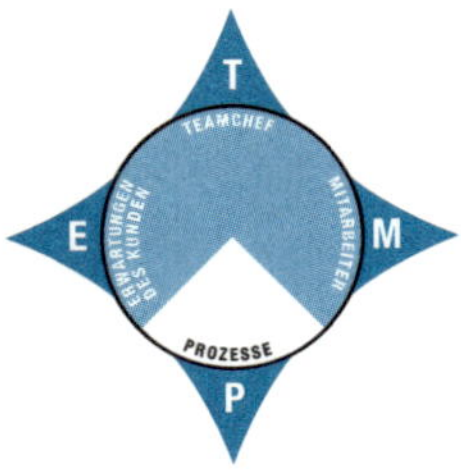

Note 4

Die Erwartungen der Kunden sind Grundlage für das Planen der Leistungserstellung. Jeder Mitarbeiter ist für die Qualität seiner Arbeit verantwortlich. Fehler werden analysiert.

Ausschuss und Kundenreklamationen werden nicht nur beseitigt, sondern die Ursachen werden analysiert. Es werden Maßnahmen eingeleitet, um Fehler nur noch einmal zu machen. Vor und nach der Leistungserstellung wird hinterfragt, ob die Produkte bzw. Dienstleistungen den Qualitätsanforderungen der Kunden genügen.

To do:

- *Maßnahmenpläne erstellen*
  Verlangen Sie für jeden Fehler, der aufgetreten ist, ein Protokoll mit Maßnahmen zur zukünftigen Fehlervermeidung und einem dafür Verantwortlichen.
- *Mitarbeiter-Selbst-Prüfung*
  Verlagern Sie die Verantwortung für Qualität auf jeden Mitarbeiter. Stellen Sie jedem Mitarbeiter Mittel zur Verfügung, seine Qualität zu messen und zu kontrollieren.
- *Interne Kundenumfrage*
  Machen Sie eine interne Kundenumfrage: Wer ist mein Kunde? Welche Qualitätsanforderungen stellt er? Wie kann ich den Anforderungen gerecht werden?

Note 3

In Qualitätszirkeln werden Fehler aufgegriffen und Korrekturmaßnahmen eingeleitet. Die Visualisierung von Fehlern wird zunehmend standardisiert.

Ihre Mitarbeiter haben erkannt, dass es wichtig ist, Qualität zu produzieren. Selten auftretende Kundenreklamationen werden sofort bearbeitet.

To do:

- *Kosten erfassen*
  Erfassen Sie alle durch Kundenreklamationen (intern und extern) entstandenen Kosten.
- *Ziele definieren*
  Definieren Sie mit jedem Mitarbeiter anspruchsvolle und messbare Qualitätsziele.
- *Kundenbesuche*
  Nehmen Sie Ihre Mitarbeiter mit zu Kunden, damit die Ansprüche des Kunden noch klarer werden.
- *Poka Yoke*
  Versuchen Sie, durch einen »narrensicheren« Mechanismus Fehler zu vermeiden, bevor Fehler entstehen (= jap.: »Poka Yoke«).

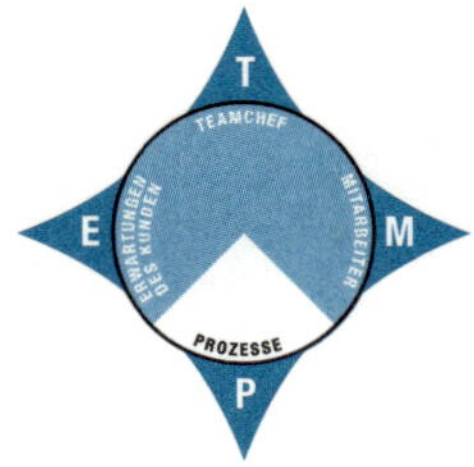

Note 2

Alle Mitarbeiter verstehen das Prinzip »Fehlervermeidung vor Fehlerentstehung«. Jeder Fehler wird als Herausforderung zur Verbesserung gesehen.

Kein Vorgang wird mehr an den nächsten Kunden weitergegeben, wenn der Mitarbeiter nicht von der hundertprozentigen Qualität seiner Arbeit überzeugt ist. In der Produktion wird die Ausschussmenge in »Parts per Million (ppm)« gemessen.

To do:

- *Verwechslung vermeiden*
  Stellen Sie z. B. durch farbliche Kennzeichnung sicher, dass keine Teile verwechselt werden können.
- *Qualitätsbeurteilung*
  Beurteilen Sie regelmäßig Ihre internen »Lieferanten« (vorgelagerte Arbeitsschritte). Besprechen Sie die Ergebnisse gemeinsam.
- *Lieferanten-Kontakt*
  Stellen Sie sicher, dass Ihre Mitarbeiter regelmäßig mit Ihren externen Lieferanten in Kontakt kommen. Probleme können hier an der Wurzel beseitigt werden.

Note 1

Systeme für fehlerfreie Produkte und Prozesse werden für den gesamten Wertschöpfungsprozess angewandt (inkl. externe Prozessbeteiligte).

Geschafft! Ihre interne und externe Fehlerquote ist auf nahezu null gesunken. Bei einer Kundenreklamation setzt sich der für den Fehler verantwortliche Mitarbeiter selbst mit dem Kunden in Verbindung. Der Nacharbeitsumfang zwischen den Prozessschritten ist ebenfalls sehr gering.

Lassen Sie nicht locker. Jeder Fehler im Prozess muss für Ihre Mitarbeiter zur Herausforderung werden. Vergleichen Sie sich regelmäßig mit Unternehmen Ihrer Branche und fordern Sie Ihre Mitarbeiter zum Wettbewerb mit den Besten heraus.

Termintreue steigern

Weiterführende Informationen: Methodenhandbuch, Methoden Nr. 20, 21

Die Einhaltung von Lieferterminen und Zusagen gegenüber ihren Kunden wird immer mehr zur Überlebensfrage für viele Unternehmen. In zahlreichen Branchen zählen nicht nur der Preis und die Qualität – der Kunde wünscht seine Ware oder seine Dienstleistung *pünktlich*.

Eine »Just in time«-Produktion ist ohne zuverlässige Lieferanten nicht möglich. Unternehmen, die nicht zuverlässig und pünktlich liefern, werden bald keine Kunden mehr haben.

Viele Unternehmen versuchen, durch hohe Bestände an Material oder Personal ihre Lieferfähigkeit zu verbessern. Doch leider bestellt der Kunde oft genau die Produkte oder Dienstleistungen, bei denen derzeit ein Engpass besteht. Die Folgen sind Terminverzögerungen und ein entsprechend schlechter Ruf.

Das Erhöhen der Liefertreue ist eine Herausforderung, der es sich zu stellen gilt.

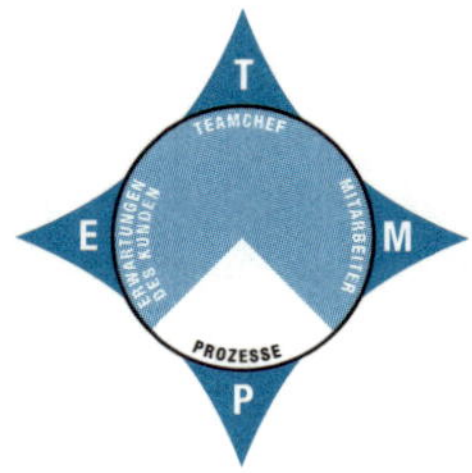

Note 6

Termine werden zugesagt, jedoch gehören lange Wartezeiten eher zur Regel als zur Ausnahme. Kunden sind wegen der Unzuverlässigkeit verärgert.

Die Kunden sind verärgert. Ihr Unternehmen ist bekannt für unpünktliche Lieferungen. Ihre wenigen Kunden, die Sie noch haben, bestellen Ihre Produkte weit im Voraus oder legen sich selbst hohe Bestände ans Lager, da man sich auf Ihr Unternehmen nicht verlassen kann.

To do:

- *Liefertreue messen*
  Messen Sie Ihre Liefertreue anhand der Termine, die Sie dem Kunden zugesagt haben. Nur wenn Sie den Tatsachen ins Auge schauen, können Sie sich verbessern. Ausreden wie »Wir sind doch gut« zählen nicht mehr.
- *Ursachen ermitteln*
  Ermitteln Sie die Ursachen für jeden verpassten Liefertermin. Gehen Sie Ihre Prozessketten rückwärts bis zu dem Arbeitsschritt, der als Erster seinen Termin nicht gehalten hat.
- *Mitarbeiter informieren*
  Informieren Sie Ihre Mitarbeiter, welcher Schaden durch nicht eingehaltene Termine für das Unternehmen entsteht.

Note 5

Über die Messung und Steigerung der Termintreue wird diskutiert. Kunden werden verspätet oder gar nicht informiert.

Ihre Führungskräfte bemühen sich, die Liefertermine einzuhalten. Durch kurzfristige Änderungen im Produktionsplan und »Schnellschüsse« können einige Termine gerade noch gehalten werden. Die Liefertreue von 70 Prozent kann nur durch enorme Anstrengung und »Terminjägerei« gehalten werden.

To do:

- *Schnittstellen definieren*
  Definieren Sie die Schnittstellen Ihrer Prozesse. Erarbeiten Sie Spielregeln, wie der Material- und Dokumentenfluss optimiert werden kann, z. B. durch markierte Übergabeplätze oder Planungstafeln.
- *Umlaufbestände feststellen*
  Besichtigen Sie die einzelnen Arbeitsplätze. Stellen Sie fest, wo Umlaufbestände durch nicht abgetaktete Produktionsschritte entstehen und an welchen Schreibtischen sich die Arbeit häuft.
- *Spielregeln vereinbaren*
  Definieren Sie feste Spielregeln mit Ihren Mitarbeitern, z. B. dass Aufträge innerhalb von 24 Stunden bestätigt werden müssen.

Note 4

Die Termintreue wird gemessen und beträgt 70 Prozent. Kunden werden über Verspätungen informiert. Das gilt auch für Projekte von Kollegen (interne Kunden).

Täglich findet eine Kurzbesprechung statt. Sie dauert maximal 15 Minuten und wird im Stehen abgehalten. Durch diese Besprechung werden Terminprobleme rechtzeitig erkannt und Maßnahmen vereinbart. Engpässe werden durch die Flexibilität der Mitarbeiter beseitigt.

To do:

- *Rückmeldung bei Terminverzug*
  Verpflichten Sie jeden Mitarbeiter zur unverzüglichen Rückmeldung, wenn ein Termin nicht gehalten werden kann. Dadurch können Sie mit internen und externen Kunden rechtzeitig Lösungen vereinbaren.
- *Liefertreue messen*
  Messen Sie die Liefertreue an den einzelnen Arbeitsplätzen. Definieren Sie realistische und anspruchsvolle Ziele mit jedem Mitarbeiter.
- *Losgrößen und Bestände reduzieren*
  Analysieren und reduzieren Sie Losgrößen und Bestände. Verschwenden Sie Ihre Kapazitäten nicht mit dem Herstellen von Produkten, die noch nicht bestellt wurden (vgl. Handlungsfeld P 5).

Note 3

Die Termintreue konnte auf 80 Prozent gesteigert werden. Alle Planungen erfolgen systematisch. Kunden werden bereits vorab über die Terminverschiebung informiert.

Ihre Kunden sind positiv überrascht. In Ihrem Unternehmen wird alles getan, um die Termine intern und extern zu halten. Falls ein Termin doch nicht gehalten werden kann, versuchen Sie alles, um Ihrem Kunden Alternativen anzubieten.

To do:

- *Kosten visualisieren*
  Visualisieren Sie die Kosten für verpasste Termine (Sonderfahrten, Überstunden usw.) und sensibilisieren Sie dadurch Ihre Mitarbeiter.
- *Lieferanten einbinden*
  Nehmen Sie Ihre Lieferanten in die Verantwortung. Kommunizieren Sie die Wichtigkeit der Termineinhaltung und übertragen Sie die Kosten bei Lieferverzug auf Ihre Lieferanten.
- *Feedback*
  Laden Sie einen Ihrer Kunden zu einer Belegschaftsversammlung ein. Er soll über die positiven Erfahrungen mit Ihrem Unternehmen berichten und darstellen, was in Zukunft von Ihnen erwartet wird.

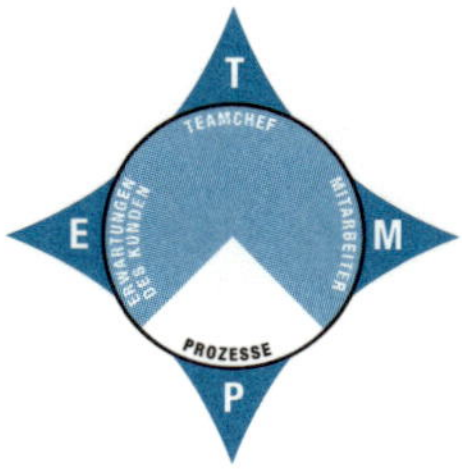

Note 2

Die Termintreue liegt bei 95 Prozent. Termine sind optimal kalkuliert, sodass interne und externe Kunden zufriedengestellt werden können.

Es gibt keine »Terminjäger« mehr. Jeder Mitarbeiter plant seine Aufgaben nach der Dringlichkeit der Termine selbst. Interne und externe Kanban-Systeme (s. S. 174, Note 3) laufen selbststeuernd. Die Materialverfügbarkeit hat sich deutlich erhöht, die Lagerbestände wurden kontinuierlich gesenkt.

To do:

- *Termintreue-Bonus*
  Ermitteln Sie die Termintreue am Arbeitsplatz und bezahlen Sie einen Bonus für 100 Prozent Termintreue.
- *Kanban*
  Gründen Sie ein Projektteam mit dem Ziel, alle kanban-geeigneten Produkte auf ein selbststeuerndes Kanban-System umzustellen.
- *Auftragszentrum*
  Gründen Sie ein Auftragszentrum aus Vertrieb, Disposition und Logistik und verlagern Sie die einzelnen, den Produkten zugeordneten Auftragszentren in die Produktion. Ziel: Kurze Informationswege.

Note 1

Die Termintreue wird anhand des Kundenwunschtermins gemessen. Ihre Termintreue gilt in der Branche als erstklassig.

Ihre Kunden sind begeistert. Sie sind bei allen Ihren Kunden als »A-Lieferant« registriert und werden bewundert. Ihre Mitarbeiter sind stolz auf das Geleistete. Andere Unternehmen der Branche betrachten Ihre Leistung als Benchmark.

Erfolgsfaktor »Prozesse« – Handlungsfeld P 4

Abläufe optimieren

»He, Ihre Säge ist ja ganz stumpf, die sollten Sie mal dringend schärfen.« »Dafür habe ich keine Zeit, ich muss doch sägen.«

Weiterführende Informationen: Methodenhandbuch, Methoden Nr. 27, 44, 47, 48, 52, 53

Im Handlungsfeld P 4 geht es um die Abläufe im Unternehmen. Häufig werden die internen Abläufe z. B. vom Auftragseingang bis zum Versand so hingenommen, wie sie seit Jahren praktiziert werden. Es wird nichts in Frage gestellt und wenig verbessert.

Es gilt, die »Betriebsbrille« abzusetzen, um die Abläufe und Prozesse völlig neu zu betrachten. »Das haben wir schon immer so gemacht« gilt ab sofort nicht mehr. Ab sofort werden alle Prozessschritte kritisch hinterfragt und verbessert.

Ziel ist es, die Verschwendung in Form von Suchen, Transportieren, Warten, Fehler beheben usw. zu beseitigen. Die Durchlaufzeiten müssen reduziert, die Wertschöpfung im gesamten Unternehmen muss erhöht werden. Die »Säge« bleibt so immer scharf.

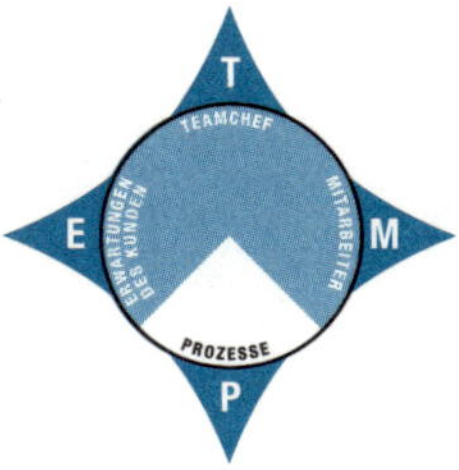

Note 6

Vorgegebene Arbeitsprozesse werden nicht hinterfragt. Verbessert wird nur dann, wenn es Ärger gibt. Es existiert ein hoher Planungsaufwand.

Es besteht kein Interesse, die bestehenden Arbeitsprozesse zu analysieren. Ideen zur Verbesserung der Abläufe existieren zwar, werden aber nicht konsequent umgesetzt. Es wird zwar punktuell, aber nicht durchgängig verbessert.

To do:

- *Führungskräfte schulen*
  Sensibilisieren Sie Ihre Führungskräfte für Prozessverbesserungen. Machen Sie auf Missstände aufmerksam und suchen Sie gemeinsam Lösungen. Insbesondere in der Verwaltung sind 20 Prozent Effizienzsteigerung möglich.
- *Prozesse betrachten*
  Analysieren Sie mit Ihren Mitarbeitern und Führungskräften einen einfachen Prozess innerhalb Ihres Unternehmens und machen Sie Verschwendung deutlich. Zerlegen Sie diesen Prozess in viele kleine Einzelschritte und zeigen Sie auf, wie man durch kritisches Hinterfragen Schwachstellen deutlich macht.

Service: Eine Hilfe zur Prozessgestaltung finden Sie kostenlos unter www.temp-methode.de/vorlagen

Note 5

Führungskräfte haben erkannt, dass kontinuierliche Verbesserungen der internen Abläufe nötig sind, und beginnen in einzelnen Bereichen mit Optimierungen.

Die Mitarbeiter beginnen, kleinere Prozessverbesserungen durchzuführen, Zeit- und Kostenersparnisse werden sichtbar. Die Bedeutung von Wertschöpfung und Verschwendung ist noch nicht hinreichend bekannt.

To do:

- *Mitarbeiter schulen*
  Veranstalten Sie einen Workshop und schulen Sie Ihre Mitarbeiter über die sieben Verschwendungsarten: Überproduktion, Wartezeit, Transport, Arbeitsprozess, hohe Bestände, Bewegung, Fehler. Geben Sie jedem Mitarbeiter 30 Minuten Zeit, um an seinem Arbeitsplatz Verschwendung zu erkennen und zu dokumentieren. Besprechen Sie die Ergebnisse.
- *Prozesse hinterfragen*
  Erstellen Sie Ablaufdiagramme Ihrer wichtigsten Prozesse im Unternehmen. Hinterfragen Sie jeden Schritt. Lassen Sie sich von den einzelnen Mitarbeitern die Tätigkeiten innerhalb der Prozessschritte genau erklären und stellen Sie alles infrage.

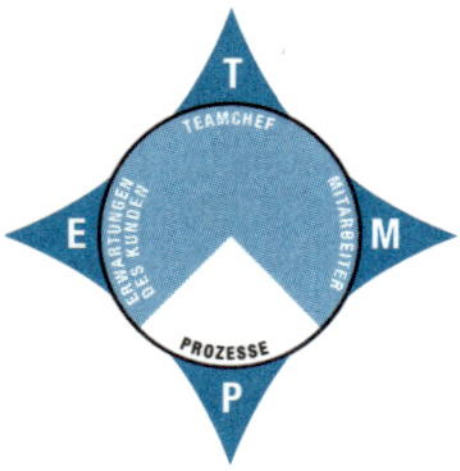

Note 4

Die Mitarbeiter erkennen zunehmend Verschwendung und beginnen von sich aus, vereinzelt Abläufe zu optimieren.

Die Mitarbeiter haben gelernt, Prozesse zu erkennen, die verbessert werden müssen. Sie erarbeiten mit ihren Kollegen Ablauf-Flussdiagramme und erstellen Maßnahmenpläne zur konsequenten Umsetzung.

To do:

- *Verbesserungsgruppen*
  Aktivieren Sie Verbesserungsgruppen in Ihrem Unternehmen. Legen Sie Ziele fest und definieren Sie die Kompetenzen und die Verantwortung der Gruppen.
- *Kontinuierlicher Verbesserungs-Prozess (KVP)*
  Schaffen Sie Räumlichkeiten, in die sich Ihre Mitarbeiter zurückziehen können (KVP-Ecken), um Probleme zu besprechen. Statten Sie die Räume mit den notwendigen Werkzeugen (Flipchart, Meta-Plan-Tafel usw.) aus.
- *Methoden standardisieren*
  Entwickeln Sie Formblätter, Diagramme und Checklisten zur Durchführung von Analysen und zur Problemfindung.

Note 3

Mitarbeiter greifen Probleme auf und lösen diese systematisch allein oder in Kleingruppen (KVP). Verschwendung wird somit systematisch beseitigt.

Einige Ihrer Mitarbeiter wurden in Moderationstechnik geschult. Probleme, die auftauchen, werden nun sofort aufgenommen und systematisch gelöst.

To do:

- *KVP-Besprechungen*
  Setzen Sie Ihren KVP-Moderatoren ein Ziel (z. B. sechs KVP-Besprechungen pro Jahr). Die beschlossenen Maßnahmen sollen selbstständig umgesetzt werden. Belohnen Sie gute Verbesserungsmaßnahmen und visualisieren Sie die Verbesserungen am Schwarzen Brett. Die Mitarbeiter sollen stolz auf das Erreichte sein.
- *Wertschöpfung analysieren*
  Hinterfragen Sie bei jeder Tätigkeit, ob eine der folgenden Verschwendungsarten im Prozess enthalten ist:
  - Suchen,
  - Transport,
  - Wartezeit,
  - Fehler,
  - Überinfo,
  - unnötige Bewegungen,
  - hohe Bestände,
  - doppelte Kontrolle.

Note 2

Bei jeder Tätigkeit wird überprüft, ob sie zur Wertschöpfung beiträgt. Die Kernprozesse sind identifiziert und dokumentiert. Verantwortliche wurden ernannt.

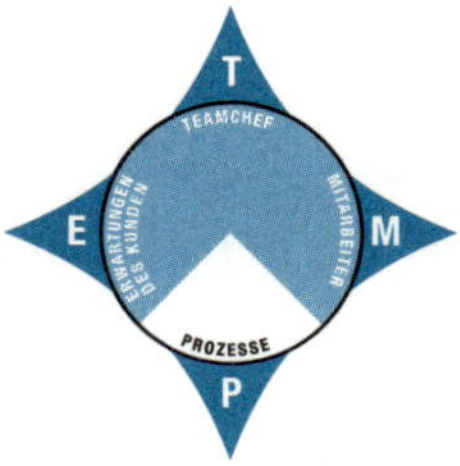

Alle Prozessketten werden sehr gründlich unter die Lupe genommen. Einzelarbeitsplätze werden optimiert, kein Stein bleibt auf dem anderen. Die einzelnen Verschwendungsarten (Transport, Suchen, Mehrfach-Handling, Fehler usw.) sind visualisiert. Die Produktivität hat sich messbar erhöht.

To do:

- *Produktivitätsziele setzen*
  Messen Sie regelmäßig Ihre Produktivität an den einzelnen Arbeitsplätzen und für das gesamte Unternehmen. Setzen Sie sich gemeinsam mit Ihren Mitarbeitern ehrgeizige Ziele.
- *Durchlaufzeiten reduzieren*
  Messen Sie Ihre Durchlaufzeiten vom Auftragseingang bis zum Versand. Stellen Sie die Bearbeitungszeiten den Durchlaufzeiten gegenüber und reduzieren Sie Wartezeiten, Transportzeiten usw. systematisch und messbar. Führen Sie die bisher getrennten Vorgänge »Planen« und »Ausführen« zusammen.

Note 1

Produktivitätssteigerungen von 30 bis 40 Prozent (gegenüber Note 6) sind realisiert. Die Durchlaufzeiten wurden halbiert.

Ihr Unternehmen hebt sich deutlich von den Wettbewerbern ab. Durch die kontinuierliche Verbesserung Ihrer Prozesse und die Beseitigung von Verschwendung und Problemen konnten die Kosten gesenkt und Ihre Lieferzeiten reduziert werden. Ihre Kunden sind begeistert.

Nun können Sie Ihren Kunden auch zeigen, welche Anstrengungen Sie unternommen haben, um schneller und besser zu werden. Stärken Sie das Vertrauen Ihrer Kunden in Ihre Organisation.

Beteiligen Sie sich an Wettbewerben und vergleichen Sie sich mit den Besten. Feiern Sie die Erfolge mit Ihren Mitarbeitern und präsentieren Sie sich in der örtlichen Presse. Die Mitarbeiter sollen stolz auf Ihr Unternehmen sein.

Erfolgsfaktor »Prozesse« – Handlungsfeld P 5

Bestände reduzieren

Weiterführende Informationen: Methodenhandbuch, Methoden Nr. 52, 53, 55

Übermäßige Bestände, egal ob in Produktion oder Büro, reduzieren unsere Flexibilität, beeinträchtigen unseren Material- und Informationsfluss und binden unnötig Kapital. Die alte Denkweise war: »Durch hohe Bestände werden wir schnell und 100 Prozent lieferfähig.« Die Praxis zeigt, dass Unternehmen mit den kürzesten Lieferzeiten auch die Unternehmen mit den geringsten Beständen sind.

Verschwendung im Unternehmen wird durch erhöhte Bestände verdeckt. Erst durch ein konsequentes Reduzieren der Bestände werden die Probleme sichtbar und können beseitigt werden.

Das Reduzieren der Bestände muss in der Praxis sehr eng mit den Handlungsfeldern P 3 (Termintreue steigern), P 4 (Abläufe optimieren) und P 7 (Netzwerkbeziehungen entwickeln) gekoppelt werden. Niedrige Bestände bewirken also eine Verkürzung der Durchlaufzeiten, kurze Lieferzeiten und einen schnellen Fluss von Dokumenten und Informationen.

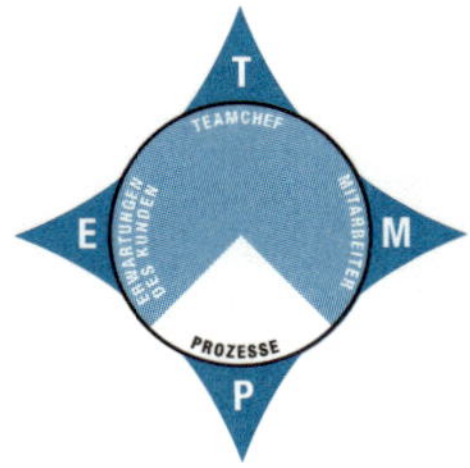

Note 6

Um Probleme im Ablauf zu verbergen, werden hohe Lagerbestände aufgebaut. Unnötige Bestände stapeln sich im gesamten Unternehmen.

An der Dicke der Staubschicht erkennt man, wie lange die Bestände schon in den Regalen liegen. Das gilt auch für die Aktenberge in den Regalen.

To do:

- *Ladenhüter verschrotten*
  Entsorgen Sie alle Produkte und Dokumente mit einer Staubschicht. Gehen Sie keine Kompromisse ein. Starten Sie eine Sonderaktion, um Ihre Ladenhüter zu verkaufen.
- *Bestellmengen überprüfen*
  Überprüfen Sie systematisch Ihre Bestellmengen und Losgrößen. Stellen Sie fest, warum es zu diesen hohen Beständen gekommen ist. Setzen Sie sich zum Ziel, die Bestellmengen und Losgrößen um 50 Prozent zu reduzieren.
- *Bestände verlagern*
  Lagern Sie keine Bestände vor den Maschinen oder auf den Schreibtischen (Dokumente). Machen Sie Ihren Mitarbeitern klar, dass »Leer-Tischler« effizienter arbeiten als »Voll-Tischler«.

Note 5

Ihre Führungskräfte haben erkannt, dass die Bestände zu hoch sind, und arbeiten punktuell an der Reduzierung der Bestände.

In kleinen Gruppen werden die Mitarbeiter geschult, welche Auswirkungen hohe Lagerbestände haben. Die Verschwendung, die sich hinter den Lagerbeständen verbirgt, wird erkannt.

To do:

- *ABC-Analyse*
  Stellen Sie in einer ABC-Analyse dar, wo der Schwerpunkt Ihrer Lagerbestände liegt. Konzentrieren Sie sich auf das Wesentliche.
- *Bestände hinterfragen*
  Bestände existieren nicht nur in der Produktion, sondern auch in der Verwaltung. Beispielsweise verursachen unnötige Akten zusätzliche Suchzeiten. Prüfen Sie Ihr Anlagevermögen (PKWs, Gebäude etc.): Was wird nicht mehr benötigt?
- *Losgrößen und Bestellmengen reduzieren*
  Überprüfen Sie Ihre Losgrößen und Bestellmengen. Reduzieren Sie diese systematisch. Starten Sie Projekte zur Reduzierung der Rüstzeiten an Ihren Maschinen und vereinbaren Sie mit Ihren Lieferanten kleinere Bestellmengen.

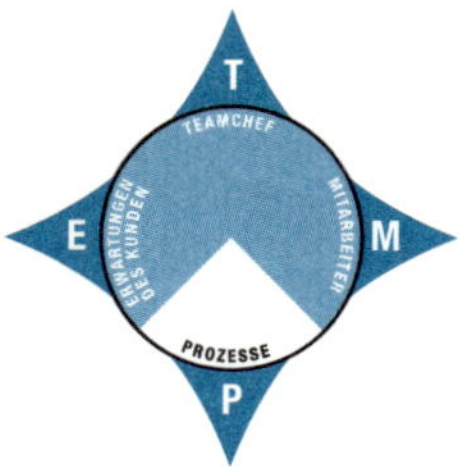

Note 4

Jeder Mitarbeiter in Ihrem Unternehmen hat erkannt, dass Bestandssenkung zu einem reibungsloseren Ablauf der Prozesse führt.

Sie haben ein Umfeld geschaffen, in dem alle Mitarbeiter zur Reduzierung der Bestände beitragen können. Das Sichtbarmachen und Lösen von Problemen steht im Vordergrund.

To do:

- *Maximal-Bestände kennzeichnen*
  Kennzeichnen Sie an Ihren Lager- und Übergabeplätzen die maximale Lager-Menge an Produkten oder Dokumenten.
- *Ziele vereinbaren*
  Vereinbaren Sie mit jedem Mitarbeiter ein messbares Ziel zur Bestandssenkung.
- *Kanban-Regelkreise*
  Führen Sie die Bestandsüberwachung mithilfe von Kanban-Systemen durch. Dafür eignen sich insbesondere Büro- und Werbematerialien.
- *Ablage standardisieren*
  Stellen Sie sicher, dass keine Dokumente mehr doppelt abgelegt werden. Entwickeln Sie Standards zur Ablage von Dokumenten und Daten.

Service: Ein Beispiel einer Kanban-Karte finden Sie kostenlos unter www.temp-methode.de/vorlagen

Note 3

Alle Mitarbeiter haben erkannt, dass unter Beständen nicht nur Lagerbestände zu verstehen sind, sondern auch Maschinen, Autos, Akten, Büroflächen, Forderungen usw.

Alle Mitarbeiter haben verstanden, dass unnötige Bestände hinderlich sind und dass es Bestände nicht nur in der Produktion gibt.

To do:

- *Kanban*
  Beginnen Sie mit der systematischen Einführung von Kanban-Regelkreisen (Behälter, Karten usw.) innerhalb ihres gesamten Unternehmens. Setzen Sie sich im Team das Ziel, alle geeigneten Produkte (Büromaterial, Schrauben usw.) auf Kanban umzustellen.
- *Lieferanten einbinden*
  Binden Sie Ihre Lieferanten fest in die Kanban-Kreisläufe mit ein. Schulen Sie Ihre Lieferanten.
- *Mitarbeiter schulen*
  Bringen Sie Ihren Mitarbeitern bei, wie man Bestände hinsichtlich Notwendigkeit überprüft.

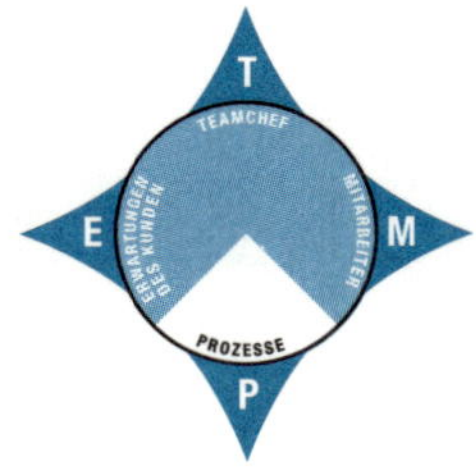

Note 2

Sämtliche Bestände des Anlage- und Umlaufvermögens werden hinsichtlich der Notwendigkeit überprüft und dem Bedarf angepasst.

In Ihrem Unternehmen gilt das Motto »Weniger ist mehr«. Durch die niedrigeren Bestände haben Suchzeiten deutlich abgenommen. Ihre Büro- und Lagerflächen machen auf den Besucher einen aufgeräumten Eindruck.

To do:

- *Auftragsbezogen produzieren*
  Überdenken Sie nochmals Ihre Losgrößen. Reduzieren Sie Ihre Rüstzeiten und fertigen Sie nur noch die Menge an Produkten, die der Kunde bestellt hat.
- *Zentrale Lager auflösen*
  Verlagern Sie das benötigte Material oder die benötigten Dokumente an die einzelnen Arbeitsplätze. Lösen Sie Ihre zentralen Lager und Ablage-Schränke auf.
- *Bestandsüberwachung auf Lieferanten übertragen*
  Übertragen Sie Ihren Lieferanten (z. B. örtlicher Schreibwarenhändler) die Aufgabe, Ihre Lagerbestände selbstständig zu überwachen und gegebenenfalls aufzufüllen. Dadurch können Sie Ihre Prozesskosten weiter senken.

Note 1

Durch systematische Verbesserungen wurden minimale Bestände erreicht. Im gesamten Unternehmen sind selbststeuernde Regelkreise (Kanban) installiert.

Sie sind am Ziel. Durch die optimale Zusammenarbeit zwischen Produkion, Vertrieb, Entwicklung, Lieferanten usw. konnten die Lagerbestände drastisch reduziert werden. Durch die Einbeziehung der Lieferanten und Nutzung von Kanbansystemen passiert die Bestandsüberwachung automatisch. Ihre Prozesskosten sind deutlich reduziert.

Arbeitseffizienz messen

Weiterführende Informationen: Methodenhandbuch, Methoden Nr. 15, 45, 46, 49, 52, 53

Im Handlungsfeld P 6 geht es um die Effizienz Ihrer Mitarbeiter im Arbeitsprozess in Büro und Produktion. Grundlage für jede Leistungs- oder Effizienzmessung sind Standards bzw. Vorgaben, die realistisch zu ermitteln sind. Die Vorgabe-Daten (Menge, Zeit) im Verhältnis zu den Ist-Daten ergeben die Leistung bzw. Effizienz.

Anhand von Zahlen, Daten, Fakten können Sie sich anspruchsvolle Effizienzziele setzen und diese verwirklichen. Es gilt, die Effizienz kontinuierlich auf allen Ebenen zu steigern und die Ressourcen verantwortungsvoll zu planen. Die Produktivität wird sich damit einhergehend im gesamten Unternehmen verbessern.

Im Handlungsfeld P 4 haben wir uns mit der Effektivität (die richtigen Dinge zu tun) beschäftigt. In diesem Kapitel geht es um die Effizienz (die Dinge richtig zu tun).

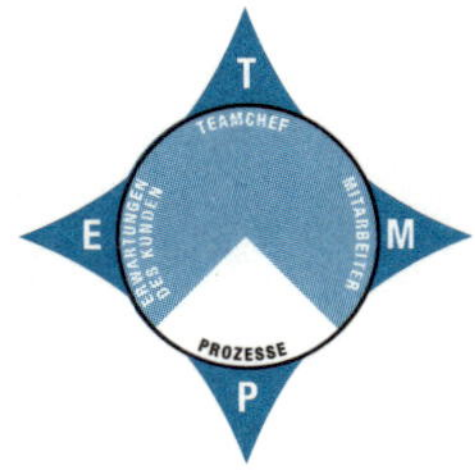

Note 6

Die Arbeitseffizienz wird nicht gemessen. Der Vorgesetzte gibt das Arbeitspensum vor.

Der Mitarbeiter kennt nur den Auftrag, den er im Moment bearbeitet. Wird der Auftrag abgeschlossen, erhält er vom Vorgesetzten den nächsten Auftrag. Der Vorgesetzte überwacht die Arbeitseffizienz durch ständige Kontrolle der Mitarbeiter. Es gibt keinen Maßstab für Leistung. Jeder glaubt, sein Bestes zu leisten.

To do:

- *Standardvorgaben festlegen*
  Überprüfen Sie, ob es Arbeitsplätze gibt, an denen die Effizienz sehr einfach gemessen werden kann, z. B. »50 Teile pro Tag bohren« oder »zehn Aufträge pro Stunde bestätigen«.
- *Alle Aufträge weitergeben*
  Geben Sie alle Aufträge für die einzelnen Arbeitsplätze sofort an die Mitarbeiter weiter. Die Aufträge werden übersichtlich am Arbeitsplatz aufbewahrt.
- *Aufträge besprechen*
  Besprechen Sie regelmäßig mit Ihren Mitarbeitern die anstehenden Aufträge und Aufgaben und legen Sie gemeinsam mit dem Mitarbeiter Prioritäten fest.

Note 5

Die Mitarbeiter arbeiten anhand von Tagesaufgaben bzw. Arbeitsplänen. Die Vorgaben sind wenig verlässlich, da sie teilweise veraltet sind.

Die benötigte Kapazität an Ressourcen in Produktion und Büro ist nur unzureichend bekannt. Jeder Vorgesetzte versucht, durch Personalaufbau und Überstunden die Engpässe zu beseitigen.

To do:

- *Prozesszeiten ermitteln*
  Ermitteln Sie für alle Haupterzeugnisse in der Produktion die Vorgabezeiten. Ermitteln Sie auch im Büro für wiederkehrende Aufgaben Vorgabezeiten. Hinterlegen Sie die Vorgabezeiten in der EDV zur Kapazitäts- und Projektplanung.
- *Produktgruppen bilden*
  Fassen Sie Produkte oder Tätigkeiten, die ähnliche Arbeitsinhalte haben, in Produkt- oder Projektgruppen zusammen. Bestimmen Sie für die Produkt- und Projektgruppen standardisierte Arbeitsabläufe.
- *Soll/Ist-Vergleich*
  Überprüfen Sie die Leistung an den Arbeitsplätzen durch einen Soll/Ist-Vergleich von Vorgabezeit und Anwesenheitszeit.

Handlungsfeld P 6

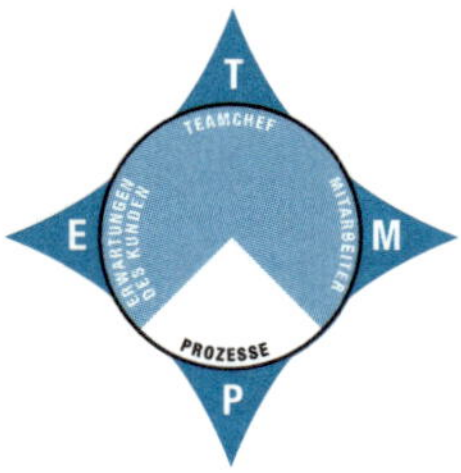

Note 4

Die Arbeitseffizienz einiger Arbeitsplätze wird regelmäßig gemessen. Dazu wurden Kennzahlen erarbeitet.

Die Auslastung der einzelnen Abteilungen ist bekannt. Für Aufträge und Aufgaben werden Termine vorgegeben, die realistisch sind. Der Zeitgrad aus Vorgabe und Ist-Zeit wird visualisiert.

To do:

- *Kernteam bilden*
  Bilden Sie ein Projektteam aus Mitarbeitern mit dem Ziel, messbare Ziele zur Leistungssteigerung zu definieren.
- *Effizienz steigern*
  Diskutieren Sie mit Ihren Mitarbeitern die Ursachen, wenn die Vorgabezeiten nicht erreicht werden oder die Termine nicht gehalten werden konnten. Definieren Sie gemeinsam Maßnahmen, um die Effizienz zu steigern und die Produktivität zu erhöhen.
- *Mit Kennzahlen führen*
  Finden Sie aussagefähige Kennzahlen für die Effizienzmessung in allen Bereichen. Visualisieren Sie die Zielerreichung durch ein aussagefähiges Aushangwesen.

Note 3

Es gibt messbare Ziele zur Leistungssteigerung für alle Arbeitsplätze (auf Basis aussagekräftiger Kennzahlen). Jeder Mitarbeiter möchte ständig besser werden.

Die Arbeitsinhalte für Standard- und kundenspezifische Tätigkeiten sind bekannt. Ziel ist es, die Effizienz kontinuierlich zu steigern.

To do:

- *Prozesse analysieren*
  Analysieren Sie kontinuierlich Ihre Prozesse und hinterfragen Sie jeden Arbeitsschritt kritisch. Lassen Sie keine Ausreden zu wie z. B. »Das haben wir schon immer so gemacht«. Ziel ist es, jegliche Art von Verschwendung in den Prozessen zu beseitigen.
- *Prämien*
  Führen Sie ein Prämiensystem ein. Belohnen Sie Ihre Mitarbeiter, wenn vorgegebene Standards (Termine, Vorgabezeiten usw.) erreicht oder übertroffen werden.
- *Internes Benchmarking durchführen*
  Schaffen Sie Gelegenheiten, die gegenseitiges Lernen ermöglichen. Beispielsweise machen Außendienstler die gleiche Arbeit, tauschen sich aber selten aus.

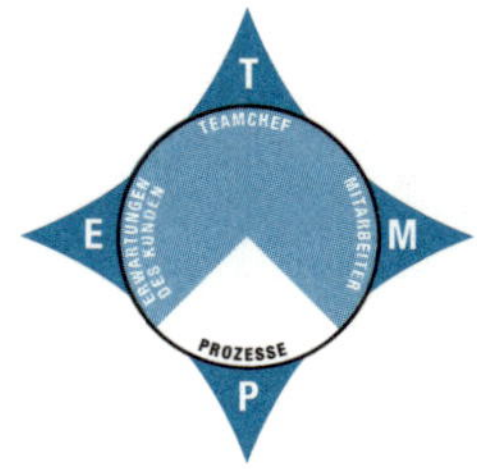

Note 2

Die Mitarbeiter erreichen kontinuierliche Leistungssteigerungen. Mitarbeiter mit ähnlichen Aufgaben bewerten sich gegenseitig (internes Benchmarking).

In allen Bereichen werden deutliche Effizienzsteigerungen erreicht. Die Mitarbeiter sind motiviert, die Leistungsziele zu erreichen. Schaubilder und Diagramme mit Daten zur Leistung und Effizienz werden ausgehängt und ausgewertet.

To do:

- *Ziele setzen*
  Definieren Sie mit Ihren Mitarbeitern konkrete, realistische und messbare Ziele zur Effizienzsteigerung auf allen Ebenen Ihres Unternehmens.
- *Externes Benchmarking*
  Suchen Sie den Kontakt zu den besten Firmen innerhalb und außerhalb Ihrer Branche und vergleichen Sie die Kennzahlen. Eine gute Gelegenheit ist auch die Teilnahme an Unternehmenswettbewerben.
- *Verbesserungen darstellen*
  Informieren Sie Ihre Mitarbeiter in Ihrer Mitarbeiterzeitung über jegliche Verbesserung der Effizienz durch Vorschläge oder veränderte Abläufe.

Note 1

Das Unternehmen vergleicht sich ständig mit anderen Unternehmen, um weitere Leistungsteigerungen zu erzielen (externes Benchmarking).

Die Mitarbeiter erreichen ihre anspruchsvollen Ziele im Bereich Leistungssteigerung. Die Arbeitseffizienz wird täglich überprüft und visualisiert, die Arbeitsbelastung ist gleichmäßig verteilt. Die erfolgreichen Anstrengungen der Mitarbeiter werden regelmäßig belohnt. Um langfristig auf dem hohen Niveau zu verbleiben, überprüfen Sie kontinuierlich Ihre Standards und Vorgaben. Stellen Sie sicher, dass beim Einsatz von neuen Technologien die Vorgaben und Standards sofort von den Mitarbeitern angepasst werden.

Überprüfen Sie auch Ihr Prämien- bzw. Bonus-System regelmäßig. Die Messlatte muss immer wieder höher gelegt werden.

Erfolgsfaktor »Prozesse« – Handlungsfeld P 7

Netzwerkbeziehungen entwickeln

Weiterführende Informationen: Methodenhandbuch, Methode Nr. 54

Jeder Fehler, jede Verzögerung, die sich Ihr Lieferant erlaubt, wirkt sich unmittelbar auf die Prozesse in Ihrem Unternehmen aus. Eine Zusammenarbeit zwischen Kunde und Lieferant bedeutet daher weit mehr, als nur »billig einzukaufen«. Es geht um das gemeinsame Entwickeln von Strategien und Zielen sowie um das gemeinsame Wachsen und Gewinnen.

Das Entwickeln Ihrer Lieferanten und weiterer Netzwerkpartner (zum Beispiel Hochschulen, Vertriebspartner usw.) ist eine wichtige Komponente zur Steigerung Ihrer Wettbewerbsfähigkeit. Es gilt, die Geschäftsbeziehungen zu stärken und die Verschwendung in beiden Unternehmen (Kunde und Lieferant) zu beseitigen. Die dadurch entstehenden Synergien müssen konsequent genutzt werden, um gemeinsam auch in Zukunft am Markt zu bestehen.

In vielen Unternehmen herrscht bei der Zusammenarbeit mit Partnern immer noch die Devise: Tarnen und Täuschen, nicht in die Karten schauen lassen. Für die Zukunft gilt: Wir müssen mit offenen Karten spielen und gemeinsam Lösungen erarbeiten.

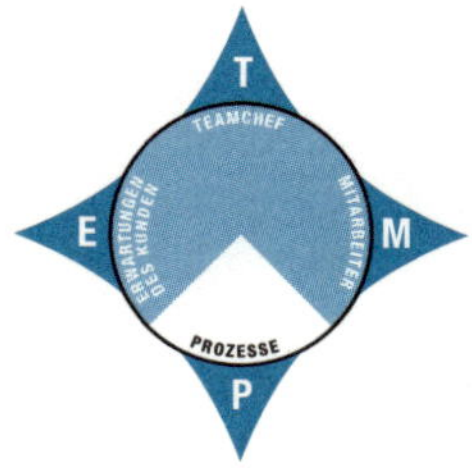

Note 6

Die Lieferantenbeziehungen sind auf die notwendigsten Kontakte (Preisverhandlungen, Qualität) beschränkt. Beziehungen zu sonstigen Netzwerkpartnern werden nicht gepflegt.

Ihre Lieferanten werden als »lästiges Übel« hingenommen, am besten wäre es doch, alle Zulieferteile selbst herzustellen. Sie haben eine Vielzahl von Lieferanten, der billigste erhält jeweils den Zuschlag. Kommuniziert wird nur, wenn es um Preise oder Qualitätsmängel geht. Es herrscht ein rauher Umgangston.

To do:

- *Kommunikation fördern*
  Sprechen Sie offen mit Ihren Lieferanten, aber auch mit Ihren Mitarbeitern. Behandeln Sie Ihre Lieferanten in Zukunft wie eine Abteilung in Ihrem Unternehmen.
- *Informationen weitergeben*
  Geben Sie Ihren Lieferanten alle Informationen, die sie über Ihr Unternehmen brauchen. Entwerfen Sie eine Lieferanten-Info, in der Sie alle Lieferanten informieren, welche Anforderungen Sie in Zukunft an Ihre Lieferanten stellen.

Note 5

Das Unternehmen und die Lieferanten sind sich im Klaren, dass sie Partner sind. Es findet ein Informationsaustausch statt.

Verspätete Lieferungen oder mangelhafte Qualität haben Ursachen, für die Sie nun gemeinsam mit Ihren Lieferanten Lösungen suchen. Bieten Sie jegliche Hilfestellung an.

To do:

- *Eigene Schwachstellen erkennen*
  Ihre Lieferanten machen Sie auf Schwachstellen in Ihrem Unternehmen aufmerksam. Versuchen Sie, auch hier gemeinsam Lösungen zu erarbeiten.
- *Verbesserungsvorschläge*
  Erklären Sie Ihren Lieferanten Ihr Verbesserungsvorschlags-System und ermutigen Sie Ihre Lieferanten, aktiv Vorschläge einzubringen.
- *Single-Sourcing*
  Reduzieren Sie die Anzahl Ihrer Lieferanten systematisch. Versuchen Sie, einige wenige Hauptlieferanten zu entwickeln, anstatt Ihre Zeit mit einer Vielzahl von kleinen Lieferanten zu vergeuden.

Handlungsfeld P 7

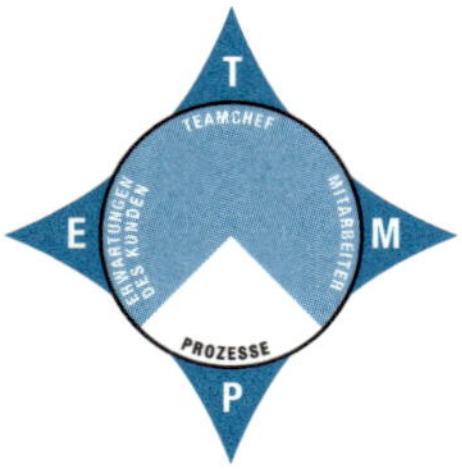

Note 4

Lieferanten werden bewertet und regelmäßig auditiert. Die Netzwerkentwicklung wird systematisch durch Qualitätszirkel usw. ausgeübt.

Die Qualität und die Lieferzeiten Ihrer Lieferanten haben sich erheblich verbessert. Die Anzahl der Lieferanten wurde um 20 Prozent reduziert. Sonstige Netzwerkpartner/Kooperationen gewinnen an Bedeutung.

To do:

- *Schulung der Lieferanten/Partner*
  Bieten Sie Ihren Lieferanten/Partnern regelmäßig Schulungen an. Entwickeln Sie eine völlig neue Form der Zusammenarbeit.
- *Benchmarking*
  Entwickeln Sie Ihre Partner mithilfe der TEMP®-Methodik. Machen Sie deutlich, dass eine gemeinsame Unternehmensphilosophie der Garant für den Erfolg ist. Führen Sie ein Benchmarking anhand der vier Erfolgsfaktoren durch und erarbeiten Sie Maßnahmen zur Verbesserung der Zusammenarbeit.

Note 3

Lieferanten werden anhand der vier TEMP-Erfolgsfaktoren gemessen. Es finden regelmäßige Treffen mit allen Netzwerkpartnern statt.

Ihr Lieferant wird nun mit den gleichen Verfahren und Regeln entwickelt wie Ihr eigenes Unternehmen. Der gegenseitige Wissens- und Erfahrungsaustausch trägt zu einer beschleunigten Umsetzung der Verbesserungen bei.

To do:

- *Win-win-Situation schaffen*
  Durch Ihre Bemühungen bei der Entwicklung Ihrer Lieferanten konnten die Kosten erheblich gesenkt werden. Entwickeln Sie gemeinsam mit Ihren Partnern ein Bonus-System. Teilen Sie sich die »Beute«.
- *Kommunikation*
  Ihre Partner gehen in Ihrem Unternehmen ein und aus wie Ihre eigenen Mitarbeiter. Stellen Sie sicher, dass selbst auf unterster Ebene direkt kommuniziert wird.
- *Kontinuierlicher Verbesserungs-Prozess (KVP)*
  Vereinbaren Sie mit Ihren Partnern klare Ziele zum KVP wie zum Beispiel Anzahl der Verbesserungsvorschläge, Teilnahme an KVP-Sitzungen.

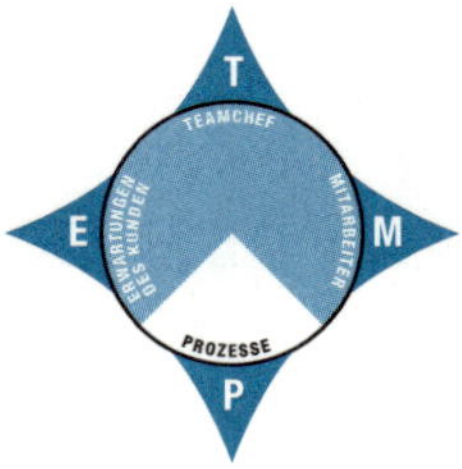

Note 2

Netzwerkpartner werden in Produkt- und Prozessentwicklungen mit einbezogen (zum Beispiel Lieferanten, Designer, Hochschulen usw.).

Ihre Partner haben erkannt, dass Ihr Unternehmen konsequent nach vorne geht. Sie sind motiviert, diesen Weg gemeinsam mit Ihnen zu gehen.

To do:

- *Produkt- und Prozessoptimierung*
  Führen Sie gemeinsam mit Partnern Wertanalysen Ihrer Produkte durch. Gehen Sie Ihre Prozesse Schritt für Schritt durch und lernen Sie aus den Erfahrungen anderer.
- *Ziele vereinbaren*
  Vereinbaren Sie gemeinsam Ziele. Kenngrößen wie Servicegrad, Qualität und Flexibilität müssen Bestandteil der Zielvereinbarung sein.
- *Regelmäßiges Auditieren*
  Besuchen Sie Ihre Lieferanten und sonstigen Partner regelmäßig. Zeigen Sie konsequent die Schwachstellen auf und entwickeln Sie Maßnahmenpläne.

Note 1

Ihre Lieferanten konnten die Produktivität steigern und die Lieferzeiten reduzieren. Zahlreiche Partner sind wie eine interne Abteilung in das Unternehmen integriert.

Die Schnittstellen zwischen Kunde und Lieferant/Partner funktionieren problemlos. Die Prozesse sind optimal gestaltet und verlaufen effizient und effektiv. Die Kommunikation ist offen und vertrauensvoll. Die Kosten konnten auf beiden Seiten erheblich reduziert werden.

Bleiben Sie an dieser Stelle nicht stehen. Entwickeln Sie gemeinsam Strategien für die nächsten drei bis fünf Jahre. Integrieren Sie Ihre wichtigsten Partner in die regelmäßig stattfindenden Strategietage.

Tipps zum Weiterlesen

Philipp Dickmann: *Schlanker Materialfluss mit Lean Production. KANBAN und Innovation.* Berlin 2008.

John Drew, Blair McCallum und Stefan Roggenhofer: *Unternehmen Lean. Schritte zu einer neuen Organisation.* Frankfurt/New York 2005.

Timo Füermann, Carsten Dammasch: *Prozessmanagement. Anleitung zur Steigerung der Wertschöpfung.* München 2008.

Gerhard Geiger, Ekbert Hering und Rolf Kummer: *Kanban – optimale Steuerung von Prozessen.* München 2003.

Eliyahu Goldratt, Jeff Cox: *Das Ziel. Ein Roman über Prozessoptimierung.* Frankfurt/New York 2002.

Dag Kroslid, Konrad Faber, Kjell Magnusson: *Six Sigma.* München 2003.

Jürgen Kurz: *Für immer aufgeräumt. Zwanzig Prozent mehr Effizienz im Büro.* Offenbach 2007.

Jeffrey Liker: *Der Toyota-Weg: 14 Managementprinzipien des weltweit erfolgreichsten Automobilkonzerns.* München 2006.

Hermann J. Schmelzer, Wolfgang Sesselmann: *Geschäftsprozessmanagement in der Praxis. Kunden zufrieden stellen, Produktivität steigern, Wert erhöhen.* München 2008.

Hitoshi Takeda: *Das synchrone Produktionssystem. Just-in-Time für das ganze Unternehmen.* Landsberg am Lech 2006.

James Womack, Daniel Jones: *Lean Thinking. Ballast abwerfen, Unternehmensgewinne steigern.* Frankfurt/New York 2004.

Kapitel 5

Weitere Erfolgsfaktoren und Anwendungsbeispiele

»Alles Große in unserer Welt geschieht nur, weil jemand mehr tut, als er muss.«

Hermann Gmeiner (1919–1986), Gründer der SOS-Kinderdörfer nach dem Zweiten Weltkrieg

Das passende TEMP-Tableau für Ihren Bereich

Es wäre vermessen zu behaupten, dass TEMP jedes Problem in jedem Unternehmen löst. Verschiedene Branchen haben sehr unterschiedliche Schwerpunkte, die dann ein spezifischeres Vorgehen erfordern.

Die TEMP-Methode® ist so etwas wie ein Betriebssystem. Darauf aufbauend gibt es nun weitere Erfolgsfaktoren und Anwendungsbeispiele.

Weitere Erfolgsfaktoren

Völlig klar, die TEMP-Methode® deckt die wichtigsten Themen im Unternehmen ab. Es gibt nun Branchen, die weitere Schwerpunkte haben. Anwender der TEMP-Methode® merken sehr schnell, wo sie weitere Bewertungskriterien benötigen. Hier zwei Beispiele für weitere Erfolgsfaktoren:

Erfolgsfaktor: Finanzen

Erfolgsfaktor Finanzen als Erweiterung der TEMP-Methode®

Ein Unternehmen ist nur dann gesund, wenn auch der Finanzbereich gesund ist. Deshalb muss dem Thema Finanzen ein besonderes Augenmerk gewidmet werden.

Das gilt insbesondere, wenn eine Firma stark expandieren will und damit auf Kapitalgeber angewiesen ist.

Wenn Sie z.B. einen Liquiditätsengpass haben, dann treten

alle anderen Handlungsfelder in den Hintergrund. Soll das Unternehmen für den Verkauf fit gemacht werden und ist das Ziel, den Unternehmenswert zu steigern, auch dann spielen Finanzkennzahlen eine besondere Rolle.

Manche Anwender der Balanced Scorecard (BSC) suchen ein praktikableres Modell, ohne auf die Betonung von Finanzkennzahlen verzichten zu wollen. Insbesondere dafür eignet sich das Finanztableau.

Erfolgsfaktor: Werteorientierung

Werte machen wertvoll

Jim Collins hat überzeugend nachgewiesen, dass Werte eine Firma wertvoll machen. Umgekehrt: Wo Werte nicht systematisch erarbeitet und gepflegt werden, wird keine tragende Kultur entstehen, die ein funktionierendes Unternehmen gewährleistet.

Immer mehr Firmen sind dabei, sich einen eigenen Wertekodex zu geben. In unserem Hause haben wir die für uns verbindlichen Werte auf ein scheckkartengroßes Wertekärtchen gebracht. Die Firma persolog mit ihrem Shared-Values-Programm überprüft dabei jährlich, inwieweit wir diesem Anspruch im Tagesgeschäft gerecht werden.

Weitere Anwendungsbeispiele

Es dauerte nicht lange, da kamen die ersten TEMP-Nutzer und sagten: Die Methode funktioniert fantastisch für einen mittelständischen Betrieb. Wir aber sind eine Schule bzw. ein kleiner Handwerksbetrieb, ich arbeite im Kindergarten bzw. bin als Redner unterwegs. Wie funktioniert TEMP denn da? Jedes Mal wurde die TEMP-Methode® als Grundform leicht adaptiert und mit dem entsprechenden Sprachgebrauch versehen. Einige Beispiele finden Sie hier.

Handwerk

Die TEMP-Methode® im Handwerk

Der typische Handwerksbetrieb hat in der Regel nur wenige Mitarbeiter und damit wenig Hierarchie. Diese Betriebe sind geprägt durch große Kundennähe und geringe Komplexität. Viele Handwerker sind eher schwach in der Strategieentwicklung und im Umgang mit Kennzahlen. Hier haben sich die für das Handwerk speziell entwickelten Bewertungstableaus besonders bewährt. Berater nutzen diese Tableaus, um so Veränderungen zu erkennen und jährliche Coachingschwerpunkte festzulegen. Aber auch Handwerker profitieren von der Selbstbewertung.

Bildung und Erziehung

Die TEMP-Methode® in der Schule

PISA hat deutlich gemacht, dass Bildung bis hin zur Lehrerausbildung eines strategischen Ansatzes bedarf. Interessant, dass vieles von dem, was heute gefordert wird, von Privatschulen schon lange gemacht wird. So gelten sie als z.B. wesentlich »kundenorientierter« als die öffentlichen Schulen.

Nachhaltiger Unterrichtserfolg hängt jedoch auch mit regelmäßigen Mitarbeitergesprächen, strukturierter Weiterentwicklung, Kontakten mit Eltern usw. zusammen.

Non-Profit-Organisationen (z. B. Kirchen)

Die TEMP-Methode® in Kirche und Gemeinde

Der Non-Profit-Bereich ist sehr geprägt von hohem ehrenamtlichem Engagement. Die Entscheidungsfindung ist oft kompliziert und aufwendig. Oft steht der Umgang mit sehr begrenzten Ressourcen im Mittelpunkt. Besonders bewährt hat sich die TEMP-Methode® im Einsatz bei Kirchengemeinden. Durch den Einsatz der Methode kommen betriebswirtschaftliche Erfordernisse in den Vordergrund. Themen wie Entwicklung eines Gemeindeleitbildes, strategische Planung, Gewinnung und Ausbildung von Mitarbeitern usw. werden ihrer Wichtigkeit entsprechend behandelt.

Im Folgenden haben wir jedes der fünf angesprochenen Beispiele jeweils auf einer Doppelseite exemplarisch dargestellt. Die Tableaus sind jeweils nur angedeutet. Es würde den Rahmen dieses Buches sprengen, alle Tableaus vollständig abzudrucken.

Service: Die folgenden Tableaus mit jeweils sieben Handlungsfeldern finden Sie kostenlos unter www.temp-methode.de/vorlagen

Natürlich sind wir gespannt, auf welche Bereiche Sie die Methode anwenden. Lassen Sie uns an Ihren Erfahrungen teilhaben. Wir freuen uns auf Ihren Input unter knoblauch@tempus.de.

Service: Das ganze Tableau mit allen sieben Handlungsfeldern finden Sie kostenlos unter www.temp-methode.de/vorlagen

Erfolgsfaktor Finanzen		
Datum:	**Note 6**	**Note 5**
Handlungsfeld 1 **Finanzen planen**	Über die Entwicklung der künftigen Umsätze und Kosten wird nicht nachgedacht. Man geht davon aus, dass die finanziellen Verpflichtungen in der Zukunft geleistet werden können. ☐	Die Umsätze und Kosten werden sporadisch und kurzfristig geplant, wenn besondere Ereignisse wie bspw. Finanzierungsgespräche anstehen. ☐
Handlungsfeld 2 **Finanzstrategie festlegen**	Finanzielle Kennzahlen werden nicht ermittelt. Die Steuerung des Unternehmens …	Finanzielle Kennzahlen werden im Zuge der Bilanz und BWA ausgewiesen.

Erfolgsfaktor Finanzen

Jahr für Jahr verschwinden zahlreiche Firmen vom Markt, obwohl sie nie Verluste gemacht haben. Die Ursache dafür ist zumeist unzureichende Liquidität. Z. B. führt starkes Umsatzwachstum zu einer hohen Vorfinanzierung im Umlaufvermögen. Prozessverzögerungen, Ausfälle oder Zahlungsverschiebungen von Kunden haben dann zur Folge, dass die kurzfristigen Verbindlichkeiten nicht mehr gezahlt werden können.

Auch wenn die Konsequenz nicht sofort die Anmeldung der Insolvenz ist, leiden alle vier TEMP-Erfolgsfaktoren unter diesem finanziellen, weil häufig existenziellen Druck.

- Drehen sich die Gedanken des Teamchefs lediglich um die kurzfristige Liquiditätsbeschaffung zur Sicherstellung der Zahlung der Verbindlichkeiten, treten die eigentlichen Handlungsfelder in den Hintergrund.
- Die Bedürfnisse des Kunden werden vernachlässigt, indem das Unternehmen z. B. eine schnellere Zahlungsweise durchsetzen will oder Termine nicht einhalten kann.
- Die Mitarbeiter wirken in einer finanziellen Krise des Unternehmens wie gelähmt. Neben dem Bangen um die Existenz des Unternehmens treten die eigenen Sicherheitsbedürfnisse zutage.

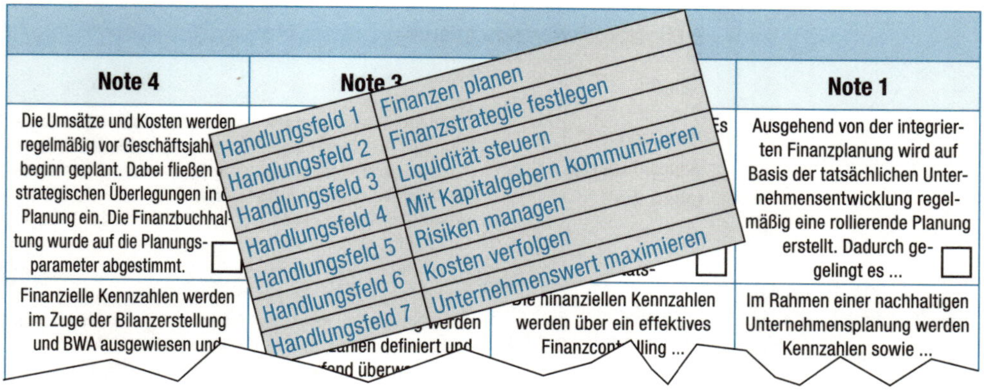

- Wenn die Hektik um die Finanzierung den Alltag bestimmt, drehen sich die operativen Prozesse weniger um die eigentlichen Aufgaben, sondern um die Zukunft des Unternehmens. Eine effiziente Abarbeitung ist nur schwer möglich.

Diese Beispiele zeigen: Das Unternehmen als Organismus kann nur dann gesund sein, wenn auch der Finanzbereich fit ist. Eine ganzheitliche Unternehmensbetrachtung beinhaltet daher als Ergänzung zur TEMP-Methode® den Erfolgsfaktor Finanzen. Aus diesem Grund haben die lizenzierten TEMP-Berater der Walter Fries Unternehmensberatung ein Bewertungstableau für den Erfolgsfaktor Finanzen als Ergänzung zur TEMP-Methode® entwickelt. Darin floss ihre jahrzehntelange Erfahrung als Schnittstelle zwischen mittelständischen Unternehmen und Kapitalgebern ein. Die Erfahrung aus ihrer Beratungstätigkeit zeigt: Finanzielle Fitness ist die Basis für eine nachhaltige Unternehmensentwicklung.

Den Finanz-Fitnessgrad ihres Unternehmens können Unternehmen in einem kostenlosen Online-Schnelltest auf www.walterfries.de ermitteln. Die Unternehmen erhalten als Ergebnis eine detaillierte Auswertung ihres Fitnessgrades sowie konkrete Maßnahmen zur nachhaltigen Verbesserung ihrer Finanzfitness.

Service: Kostenloser Online-Schnelltest unter www.walterfries.de

Erfolgsfaktor Werteorientierung		
Datum:	**Note 6**	**Note 5**
Handlungsfeld 1 **Welche Werte leben wir?**	Das Wertethema spielt keine Rolle. Neid, Ablehnung, Streit und Unversöhnlichkeit prägen teilweise das Bild. Obwohl betriebswirtschaftlich alles in Ordnung ist, gibt es eine permanente Unzufriedenheit. ☐	Was das Thema »Werte« anbetrifft, so wird ihr Mangel, bei auftretenden zwischenmenschlichen Problemen oder charakterlichen Schwächen beklagt. ☐
Handlungsfeld 2 **Umgang mit Geld im Unternehmen**	Die Firma ist da, damit sich der Unternehmer möglichst gut selbst bedienen kann. Es existieren schwarze Kassen. Andere sprechen sogar von Korruption.	Die Ertragsorientierung steht im Vordergrund (Shareholder Value). Wir schaffen Arbeitsplätze und zahlen Steuern, allerdings eher notgedrungen (Economic Value).

Service: Das ganze Tableau mit allen sieben Handlungsfeldern finden Sie kostenlos unter www.temp-methode.de/vorlagen

Erfolgsfaktor Werteorientierung

Es gibt Firmen mit einem betont hohen Werteanspruch. Oft ist dies ein spezifisch christlich-ethischer Werteanspruch. Der Anspruch Corporate Citizenship bedeutet, dass sich die Firma wie ein guter Bürger verhält, der aktiv zur Lebensqualität der Bürger beiträgt. Das hier zur Verfügung gestellte Tableau zum Erfolgsfaktor Werteorientierung ermöglicht eine Einordnung.

Jim Collins hat in seinem Buch *Immer erfolgreich – Die Strategien der Top-Unternehmen* Firmen untersucht, die 80 Jahre und mehr durchgängig Erfolg hatten. Seine Ergebnisse zeigen, dass es für erfolgreiche Unternehmen einen gemeinsamen Nenner gibt, nämlich ein hoher Werteanspruch. In den USA, vermehrt auch in Deutschland gibt es immer mehr Firmen, die ihre Werte auf Grundlage der Bibel formulieren. Das Ziel: Eine werteorientierte Unternehmenskultur, die neben den betriebswirtschaftlichen Kennzahlen auch die Verantwortung für die Menschen in einer globalisierten Welt im Blick hat.

Als Anregung haben wir Ihnen noch einige praktische Umsetzungsbeispiele zusammengestellt, die dem Buch *Jesus auf der Chefetage* von Jörg Knoblauch und Jürg Opprecht entnommen sind:

- Ein Teil des Firmengewinns wird verwendet, um soziale Brennpunkte zu lindern und Hilfsorganisationen zu unterstützen.
- Nutzen Sie die Mitarbeiterzeitschrift, um aktuelle Themen ethisch-moralisch zu kommentieren.
- Nutzen Sie Anlässe wie gemeinsame Geschäftsreisen, gemeinsame Essen, Einladungen zu sich nach Hause, um Ihre persönlichen Erfahrungen weiterzugeben.
- Einrichten eines Raumes der Stille bzw. einer Kapelle.

Jörg Knoblauch organisiert eine jährliche Studienreise zu werteorientierten Unternehmen hauptsächlich in die USA (knoblauch@tempus.de).

Viele der bekannten werteorientierten Unternehmen sind Mitglied in einer der über 30 verschiedenen christlichen Geschäftsleutebewegungen mit insgesamt ca. 30000 Mitgliedern. Dies sind Firmen wie Hipp (Babynahrung), C&A (Bekleidung), Villeroy & Boch (Porzellan), Firmen wie Trumpf (Werkzeugmaschinen), Bosch usw.

Erfolgsfaktor II	**Erwartungen des Kunden**	
Datum:	**Note 6**	**Note 5**
Handlungsfeld 1 **Kernkomptenzen entwickeln**	Es sind keine Kernkompetenzen vorhanden. ☐	Kernkompetenzen sind zwar vorhanden, aber nicht bekannt. ☐
Handlungsfeld 2 **Zielgruppe fokussieren**	Das Unternehmen sieht überall potenzielle Kunden.	Das Unternehmen kämpft um die Marktführerschaft im Gesamtmarkt der Branche.

Service: Alle vier Tableaus mit allen sieben Handlungsfeldern finden Sie kostenlos unter www.temp-methode.de/vorlagen

Anwendungsbeispiel Handwerk

Handwerker sind gute Handwerker, allerdings oft weniger gute Führungskräfte. Bevor sie Aufgaben abgeben oder delegieren, legen sie selbst Hand an. Die Folge ist meist Überlastung und wenn der Chef nicht erreichbar ist, geht oft gar nichts. Führungsinstrumente wie das Handy, der Stehkalender oder maximal ein Zeitplanbuch sind oft ausreichend.

Um die Mannschaft ins Unternehmensgeschehen einzubeziehen, ist ein einfaches Instrument wie die TEMP-Methode® bestens geeignet. Unterschiede zwischen der original TEMP-Methode® und der Anwendung für Handwerker sind gering. Fachausdrücke wie Assessment Center, Corporate Design, Corporate Wording usw. wurden durch gängige Wörter ersetzt. Die ursprünglichen Fachausdrücke führten beim Bewerten zu vielen Fragen und Diskussionen und letztlich zur Meinung, dass die TEMP-Methode® für Produktionsbetriebe und weniger für Handwerker geeignet ist.

Alfred Lang, der die TEMP-Methode® für das Handwerk adaptiert hat, war ursprünglich selbst Handwerker. Nach und

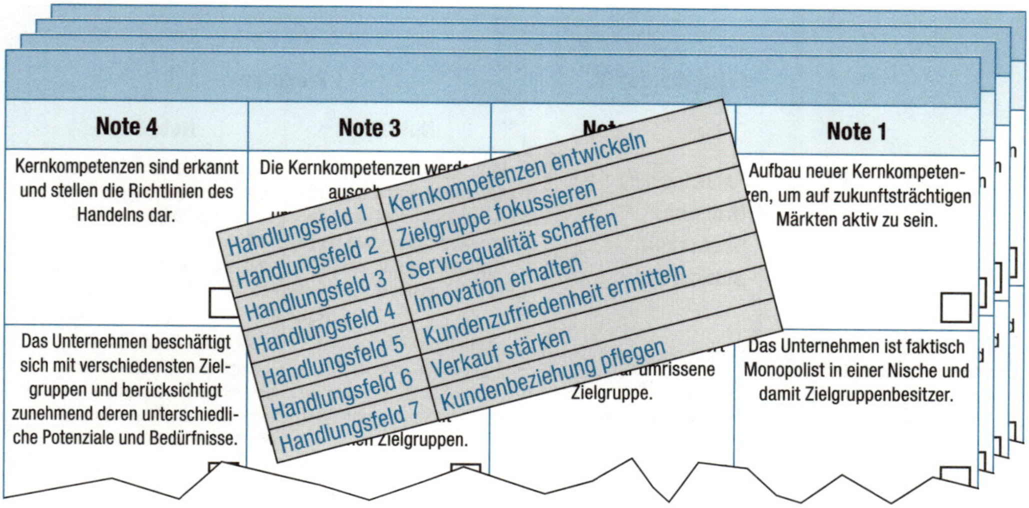

nach hat er sich Handwerkerschulungs-Know-how angeeignet und ist heute ausschließlich als Trainer und Coach tätig. Alfred Lang beweist mit seinem Coaching-Programm, dass die TEMP-Methode® für jeden Handwerksbetrieb funktioniert.

Erfolgsfaktor IV	Prozesse	
Datum:	**Note 6**	**Note 5**
Handlungsfeld 1 **Ordnung, Sauberkeit, Standards**	Man sieht, dass schon lange nicht mehr aufgeräumt wurde. An Infotafeln für Lehrkräfte bzw. für Schüler und Externe hängen teilweise alte Mitteilungen. ☐	Es liegen keine, im Moment nicht benötigte Gegenstände (Arbeitsmittel, Dokumente, Materialien) herum. Räume und Flure sind sauber, Abfälle werden getrennt entsorgt. ☐
Handlungsfeld 2 **Unterrichtseffizienz messen**	Lehr- und Bildungspläne geben die Ziele vor. Die Unterrichtseffizienz wird nur durch Noten gemessen und dokumentiert.	Die Lehrkräfte arbeiten nach Vorgaben durch Stunden- und Lehrpläne. Die Ergebnisse sind überwiegend auf Prüfungen und Fachwissen ausgerichtet. In der Verwaltung ...

Service: Alle vier Tableaus mit allen sieben Handlungsfeldern finden Sie kostenlos unter www.temp-methode.de/vorlagen

Anwendungsbeispiel Bildung und Erziehung

Im Bereich Erziehung und Bildung bedarf es eines gewaltigen Umdenkens. Wichtige Entwicklungen wurden verschlafen, bis TIMSS und PISA die Beteiligten aufweckten. Dabei wurde auch deutlich, dass es bisher kaum geeignete Instrumente zur Evaluation gab. Gerade Bildungseinrichtungen kommen meist nicht mit der EFQM zurecht, weil es zu anspruchsvoll, zu zahlenlastig und zu zeitaufwendig ist. Umso mehr freuen sie sich, mit der TEMP-Methode® ein Werkzeug gefunden zu haben, das einfach und ganzheitlich hilft, die immer anspruchsvolleren Vorgaben des Kultusministeriums umzusetzen.

Die TEMP-Methode® zeigt Ihnen, wie

- Sie die entscheidenden Aspekte des Lernens optimieren,
- Sie Schüler motivieren und begeistern können,
- aus traditionellen Lehrern hoch motivierte und engagierte Mitarbeiter werden,
- Lernprozesse beschleunigt und wertvolle Zeit gewonnen wird.

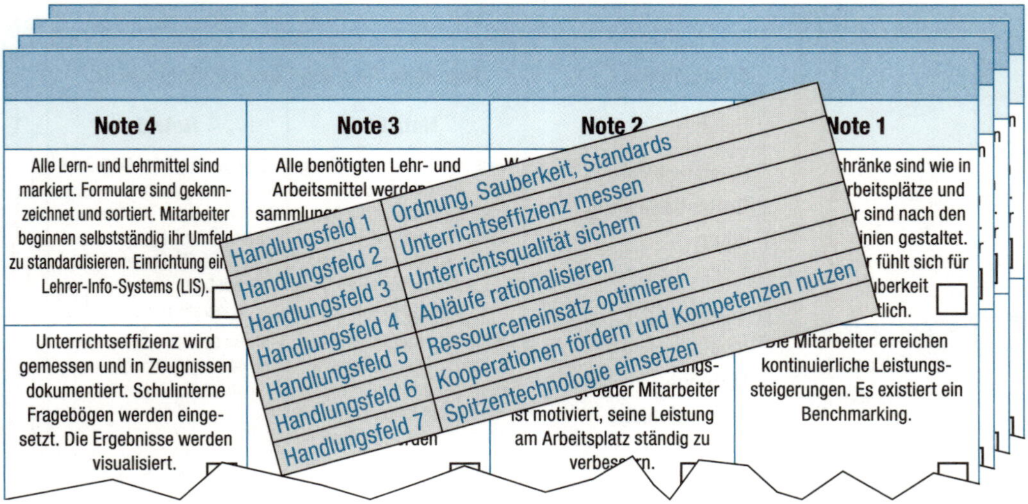

Da die TEMP-Methode® mit den uns allen bekannten Schulnoten arbeitet, ist sie für Schulen besonders geeignet.

Barbara von Schnurbein war Vorsitzende der Landeselternvereinigung der Gymnasien in Bayern. 1999 gründete sie mit anderen die private Initiative »FORUM Partnerschaft Elternschaft und Schule«.

Zusammen mit Maria-Anna Leuthner-Fischbach und Karl-Otto Kaiser, zwei Lehrkräften aus Baden-Württemberg und einem TEMP-Spezialisten von tempus-Consulting, haben sie die TEMP-Methode® für den Bildungsbereich entwickelt.

Mittlerweile gibt es TEMP-Moderatoren, die gerne bereit sind, zur Einführung an die Schulen zu kommen und die Schulen auch später bei Bedarf zu begleiten.

Ein Nebeneffekt ist, dass begeisterte, dankbare »Ehemalige« die verlässlichsten Unterstützer und Förderer der Schule werden.

Service: Alle vier Tableaus mit allen sieben Handlungsfeldern finden Sie kostenlos unter www.temp-methode.de/vorlagen

Erfolgsfaktor I	**Teamleiter/in (Leiter und Leitungskultur)**	
Datum:	**Note 6**	**Note 5**
Handlungsfeld 1 **Gottesbeziehung leben**	Keine gelebte Gottesbeziehung des Teamleiters. Der Dienst lässt keinen Raum für das »Sein« vor Gott und mit Gott. Gebet und Bibelstudium sind auf den dienstlichen Bereich begrenzt. ☐	Sporadisch gelebte Gottesbeziehung mit gelegentlichem persönlichem Gebet und Bibellese. Es ist ein Bewusstsein vorhanden, dass die Gemeinschaft mit Gott wichtiger ist, als alle Leistung. ☐
Handlungsfeld 2 **Leitungspersönlichkeit entwickeln**	Gefühl der persönlichen Überforderung. Das Verhältnis zu Ehepartner und Kindern leidet. Bei den Mitarbeitern herrscht unterschwellige Unzufriedenheit über die ...	Vieles gelingt, und trotzdem bleibt vieles unerledigt nach dem Motto »keine Zeit«.

Anwendungsbeispiel Non-Profit-Organisationen

Spontan würden Sie sicher sagen: Was hat eine säkulare Methode wie TEMP in einer Kirchengemeinde zu suchen? Trotzdem hat diese Methode gerade in Kirchengemeinden sehr schnell Eingang gefunden. Es gibt ca. 40000 katholische, evangelische und freikirchliche Gemeinden. In überraschend vielen dieser Gemeinden gibt es eine Aufbruchstimmung und Mitarbeiter fragen sich: Wie können wir den Aufbruch fördern und managen?

Schluss mit dem »Vor-sich-hinwursteln«, ohne Zielstrebigkeit und Effizienz, hin zu einer attraktiven und einladenden Gemeinde.

Die TEMP-Methode® bietet hier Unterstützung.

T: **Teamchef steht dann für Pfarrer, Pastor oder Gemeindeleiter.** Er ist die prägende Persönlichkeit. Er ist ja nicht nur gefordert zu Fragen der Bibel und Theologie, sondern auch für administrative Aufgaben, Mitarbeiterführung und langfristige strategische Ausrichtung Verantwortung zu übernehmen. Letztlich führt er ein Unternehmen namens Gemeinde.

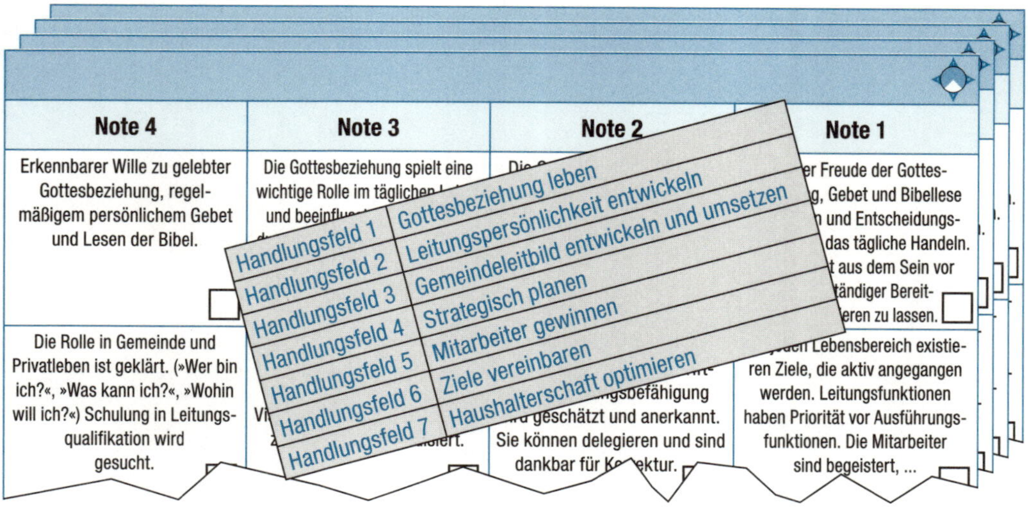

E: **Erwartungen des Kunden steht dann für die Erwartungen der Gemeindeglieder und Gottesdienstbesucher.** Nur wenn diese Erwartungen erfüllt werden, werden die Angebote weiterempfohlen und so die Botschaft der Bibel weitergegeben.

M: **Mitarbeiter steht sowohl für ehrenamtliche wie auch hauptamtliche Mitarbeiter.** Kirchengemeinden leben von den Gaben und dem Engagement der ehrenamtlichen Mitarbeiter. Sie halten nicht nur das gemeindliche Leben am Laufen, sie sind auch für die vielen sozialen und sonstigen Aufgaben zuständig.

P: **Prozesse steht für alle Abläufe in einer Kirchengemeinde.** Prozesse werden in Kirchengemeinden eher stiefmütterlich behandelt. Es gibt keine einheitlichen Standards. Man denke nur an verwahrloste Schaukästen. Man hört oft den Satz: »Gemeinde ist doch kein weltliches Unternehmen!« Dabei ist Gemeinde viel mehr als ein Unternehmen, es hat einen himmlischen Bezug.

Kapitel 6

So gelingt die erfolgreiche Umsetzung

»Zum Erfolg gibt es keinen Lift.
Man muss die Treppe benutzen.«
Emil Oesch, Verleger und Schriftsteller (1894–1974)

Sie haben nun die vier Erfolgsfaktoren in Kapitel 4 durchgearbeitet und alle 28 Handlungsfelder mit einer Note versehen. Herzlichen Glückwunsch! Sie sind jetzt auf der Schwelle, zu den knapp 1000 Firmen zu gehören, die durch die Anwendung der TEMP-Methode® nachhaltige Verbesserungen in ihren Unternehmen erzielen.

Sind Sie von Ihrer Note überrascht?

Möglicherweise sind Sie von Ihrer Note überrascht. Positiv oder negativ. Die Erfahrung zeigt, dass wenn man sich erst intensiv mit der Methode beschäftigt, die Note noch einmal bis zu einer Note schlechter wird. Da wir viele Firmen begleiten, wissen wir, dass kleine und mittelständische Unternehmen irgendwo zwischen den Noten 4 und 5 angesiedelt sind. In den Bereichen »E« und »M« liegen die Noten eher etwas besser. Der Inhaber eines kleinen Handwerksbetriebs beispielsweise, der täglich sowohl mit seinen Mitarbeitern wie auch mit seinen Kunden verkehrt, ist naturgemäß besser über die jeweiligen Bedürfnisse informiert. Dagegen sind die Noten in den Bereichen »T« und »P« eher schlechter. Hier hat das größere Unternehmen in der Regel eindeutige Vorteile.

Ihre Bewertung im Unternehmenstest zeigt Ihnen an, wo Sie sich jeweils befinden. Das zu wissen bedeutet schon viel. Die meisten Unternehmer haben wenige Anhaltspunkte, wenn es darum geht, das eigene Unternehmen zu beurteilen.

Ganzheitlichkeit führt zum Erfolg

Wie geht es weiter? Einzelne Aktionen führen selten zum Erfolg. Um mit einem ganzheitlichen Konzept die neue Fitness zu entwickeln, benötigen Sie einen Überblick über alle 28 Handlungsfelder.

Wir helfen Ihnen bei der Auswertung durch kostenlose, webbasierte Tools

Tool 1: Visualisierung pro Erfolgsfaktor (Fieberkurve)

Service: Ein Bewertungstool (Fieberkurve) finden Sie kostenlos unter www.temp-methode.de/vorlagen

Gerne stellen wir Ihnen ein Tool zur Verfügung, das Ihnen die Auswertung der 28 Handlungsfelder übersichtlich zeigt. Besonders hilfreich ist die Art der Auswertung, wenn mehrere Personen die Bewertung vorgenommen haben. Die Auswertung zeigt dann den Gesamtwert abgebildet auf dem Bewertungstableau.

Tragen Sie nun alle Noten aus Kapitel 4 ein. Sie finden die Noten auf den Seiten

- 55 ff. (Teamchef),
- 89 ff. (Erwartungen des Kunden),
- 123 ff. (Mitarbeiter) und
- 157 ff. (Prozesse).

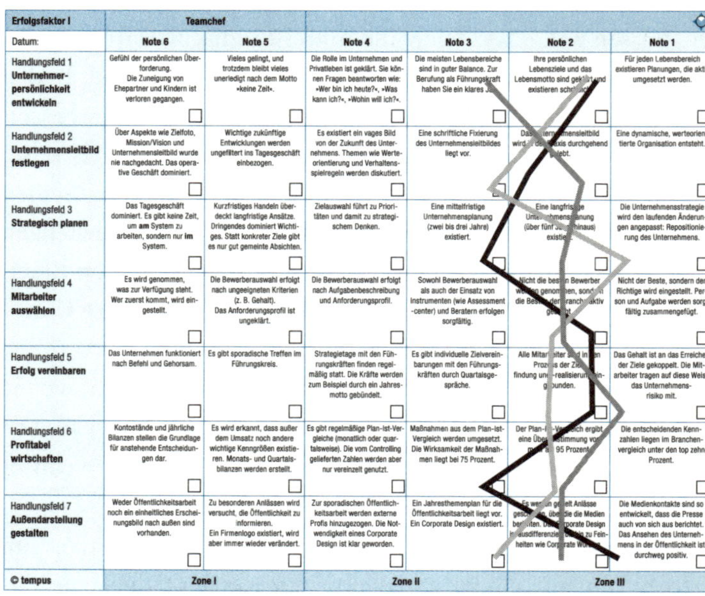

Erfolgsfaktor I	Teamchef					
Datum:	Note 6	Note 5	Note 4	Note 3	Note 2	Note 1
Handlungsfeld 1 **Unternehmerpersönlichkeit entwickeln**	Gefühl der persönlichen Überforderung. Die Zuneigung von Ehepartner und Kindern ist verloren gegangen.	Vieles gelingt, und trotzdem bleibt vieles unerledigt nach dem Motto »keine Zeit«.	Die Rolle im Unternehmen und Privatleben ist geklärt. Sie können Fragen beantworten wie: »Wer bin ich heute?«, »Was kann ich?«, »Wohin will ich?«.	Die meisten Lebensbereiche sind in guter Balance. Zur Berufung als Führungskraft haben Sie ein klares J[illegible]	Ihre persönlichen Lebensziele und das Lebensmotto sind gek[illegible] und existieren sch[illegible]	Für jeden Lebensbereich existieren Planungen, die aktiv umgesetzt werden.
Handlungsfeld 2 **Unternehmensleitbild festlegen**	Über Aspekte wie Zielfoto, Mission/Vision und Unternehmensleitbild wurde nie nachgedacht. Das operative Geschäft dominiert.	Wichtige zukünftige Entwicklungen werden ungefiltert ins Tagesgeschäft einbezogen.	Es existiert ein vages Bild von der Zukunft des Unternehmens. Themen wie Werteorientierung und Verhaltensspielregeln werden diskutiert.	Eine schriftliche Fixierung des Unternehmensleitbildes liegt vor.	Das [illegible]nehmensleitbild wird [illegible] axis durchgehend [illegible]ebt.	Eine dynamische, werteorientierte Organisation entsteht.
Handlungsfeld 3 **Strategisch planen**	Das Tagesgeschäft dominiert. Es gibt keine Zeit, um **am** System zu arbeiten, sondern nur **im** System.	Kurzfristiges Handeln überdeckt langfristige Ansätze. Dringendes dominiert Wichtiges. Statt konkreter Ziele gibt es nur gut gemeinte Absichten.	Zielauswahl führt zu Prioritäten und damit zu strategischem Denken.	Eine mittelfristige Unternehmensplanung (zwei bis drei Jahre) existiert.	Eine langfris[illegible]e Unte[illegible]nehmens[illegible]anung (über fünf [illegible]hinaus) existie[illegible]	Die Unternehmensstrategie wird den laufenden Änderungen angepasst: Repositionierung des Unternehmens.
Handlungsfeld 4 **Mitarbeiter auswählen**	Es wird genommen, was zur Verfügung steht. Wer zuerst kommt, wird eingestellt.	Die Bewerberauswahl erfolgt nach ungeeigneten Kriterien (z. B. Gehalt). Das Anforderungsprofil ist ungeklärt.	Die Bewerberauswahl erfolgt nach Aufgabenbeschreibung und Anforderungsprofil.	Sowohl Bewerberauswahl als auch der Einsatz von Instrumenten (wie Assessment-center) und Beratern erfolgen sorgfältig.	Nicht die bes[illegible]n Bewerber w[illegible] genom[illegible]en, sond[illegible] die Bes[illegible] der [illegible]ranch[illegible] aktiv ge[illegible]	Nicht der Beste, sondern der Richtige wird eingestellt. Person und Aufgabe werden sorgfältig zusammengefügt.
Handlungsfeld 5 **Erfolg vereinbaren**	Das Unternehmen funktioniert nach Befehl und Gehorsam.	Es gibt sporadische Treffen im Führungskreis.	Strategietage mit den Führungskräften finden regelmäßig statt. Die Kräfte werden zum Beispiel durch ein Jahresmotto gebündelt.	Es gibt individuelle Zielvereinbarungen mit den Führungskräften durch Quartalsgespräche.	Alle Mitar[illegible]eiter [illegible] in [illegible]en Proz[illegible]s der Zi[illegible] findung un[illegible]-realisierun[illegible] ein-g[illegible]unden.	Das Gehalt ist an das Erreichen der Ziele gekoppelt. Die Mitarbeiter tragen auf diese Weise das Unternehmensrisiko mit.
Handlungsfeld 6 **Profitabel wirtschaften**	Kontostände und jährliche Bilanzen stellen die Grundlage für anstehende Entscheidungen dar.	Es wird erkannt, dass außer dem Umsatz noch andere wichtige Kenngrößen existieren. Monats- und Quartalsbilanzen werden erstellt.	Es gibt regelmäßige Plan-Ist-Vergleiche (monatlich oder quartalsweise). Die vom Controlling gelieferten Zahlen werden aber nur vereinzelt genutzt.	Maßnahmen aus dem Plan-Ist-Vergleich werden umgesetzt. Die Wirksamkeit der Maßnahmen liegt bei 75 Prozent.	Der Plan-I[illegible]-V[illegible]eich ergibt eine Über[illegible]stimmung vo[illegible] m[illegible] a[illegible] 95 Prozent.	Die entscheidenden Kennzahlen liegen im Branchenvergleich unter den top zehn Prozent.
Handlungsfeld 7 **Außendarstellung gestalten**	Weder Öffentlichkeitsarbeit noch ein einheitliches Erscheinungsbild nach außen sind vorhanden.	Zu besonderen Anlässen wird versucht, die Öffentlichkeit zu informieren. Ein Firmenlogo existiert, wird aber immer wieder verändert.	Zur sporadischen Öffentlichkeitsarbeit werden externe Profis hinzugezogen. Die Notwendigkeit eines Corporate Design ist klar geworden.	Ein Jahresthemenplan für die Öffentlichkeitsarbeit liegt vor. Ein Corporate Design existiert.	Es wer[illegible]n ge[illegible]elt Anlässe gesc[illegible], über die die Medien ber[illegible]ten. D[illegible]rporate Design i[illegible] ausdifferenzie[illegible] zu Feinheiten wie Co[illegible]rate W[illegible]	Die Medienkontakte sind so entwickelt, dass die Presse auch von sich aus berichtet. Das Ansehen des Unternehmens in der Öffentlichkeit ist durchweg positiv.
© tempus	Zone I		Zone II		Zone III	

Tool 2: Die vier Erfolgsfaktoren im Überblick

Service: Ein Bewertungstool (Überblick) finden Sie kostenlos unter www.temp-methode.de/vorlagen

Wichtig für die ganzheitliche Unternehmensentwicklung ist es aber auch, den Gesamtüberblick zu behalten.

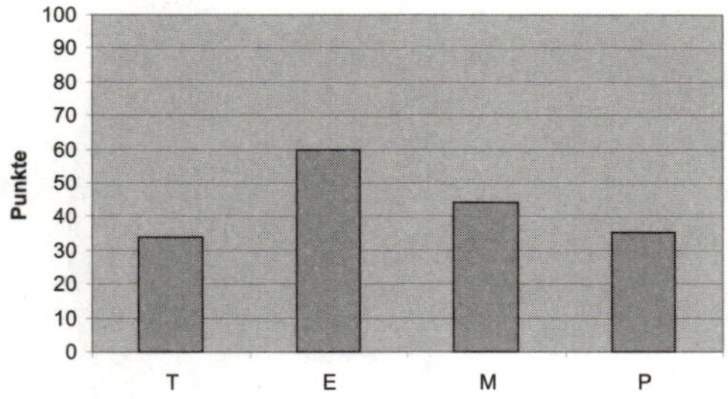

Tool 3: Visualisierung aller Handlungsfelder (Radarchart)

Service: Ein Bewertungstool (Radarchart) finden Sie kostenlos unter www.temp-methode.de/vorlagen

Wenn Sie nicht mit den vorgenannten webbasierten Tools arbeiten wollen, dann können Sie wie in der folgenden Abbildung alle Noten aus Kapitel 4 eintragen. Diese Art der Darstellung nennt man »Radarchart«.

Das Radarchart zeigt Ihnen auf einen Blick, wo Sie Handlungsbedarf haben.

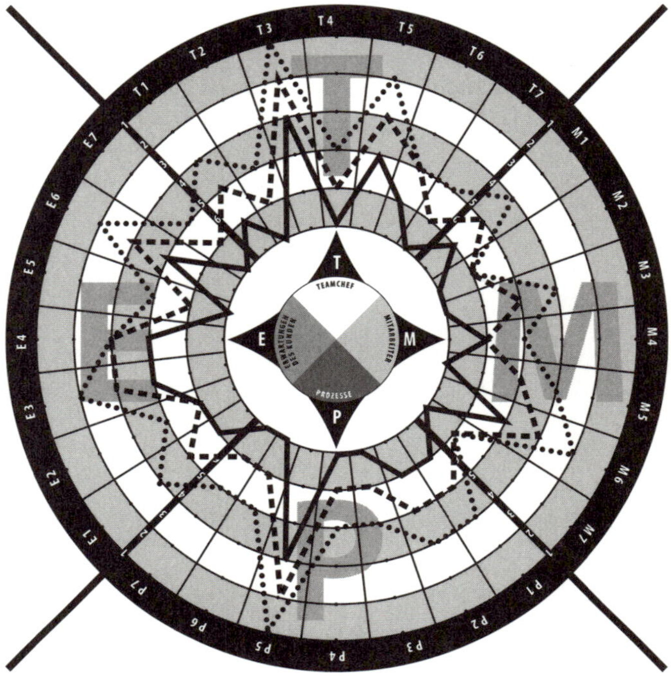

Auch Ihre Ziele können Sie in das Radarchart eintragen:

2009

2011

Ziel 2013

Wenn Sie das Radarchart jährlich neu ausfüllen, dokumentieren Sie damit gleichzeitig Ihren Fortschritt.

Sinnvoll ist es, bei der weiteren Vorgehensweise zwischen

- Kleinbetrieben und
- mittelständischen Unternehmen zu unterscheiden.

Der große Unterschied besteht darin, dass Kleinbetriebe keine Führungskräfte haben. Im Regelfall gibt es nur den Chef und seine Mitarbeiter. Das mittelständische Unternehmen ist dadurch geprägt, dass es eine mittlere Führungsebene gibt.

Lassen Sie uns jetzt einmal anschauen, wie die Umsetzung in den beiden unterschiedlichen Strukturen gelingt.

So gelingt die Umsetzung in Kleinbetrieben

Service: Eine Vorlage des Aktionsplans finden Sie kostenlos unter www.temp-methode.de/vorlagen

Nachdem Sie anhand des Radarcharts gesehen haben, wo Ihre Schwachstellen sind, gilt es nun, gezielt an Ihren Problembereichen zu arbeiten. Damit Sie dabei besser vorankommen, sollten Sie konkrete Aktionspläne (s. nächste Seite) ausarbeiten.

Ein Blatt pro Absicht

Hilfreich ist es, für jedes einzelne »To do«, also für jeden einzelnen Vorsatz bzw. jede einzelne Aktion, ein separates Blatt auszufüllen. Sie können selbstverständlich für ein Problem auch mehrere Blätter ausfüllen. Wenn beispielsweise die Qualität Ihres Personals unbefriedigend ist, könnten etwa folgende Aktionen entstehen:

Formulieren Sie To do's

- Mitarbeiter W. in eine neue Position bringen, die besser seinem Stärkenprofil entspricht
- Mitarbeiter M. durch Jobrotation an neue Aufgaben heranführen
- Neuen Mitarbeiter suchen, der eine bestimmte Aufgabe wahrnimmt

Wenn Sie alleine mit der TEMP-Methode® arbeiten, sind fünf bis sechs ausgefüllte Aktionsblätter zunächst ausreichend. Dabei gibt es durchaus punktuelle Verbesserungen. Ist es jedoch Ihr Ziel, innerhalb eines Jahres insgesamt um eine halbe Note besser zu werden, müssen Sie so viele Mitarbeiter wie möglich einbinden. Wenn Sie die TEMP-Methode® gemeinsam mit Ihren Mitarbeitern einsetzen, sollten Sie auch deutlich mehr Aktionsblätter ausfüllen.

Erst Stärken stärken, dann Schwächen schwächen

Noch ein Hinweis: Arbeiten Sie nicht nur an Ihrer schwächsten Stelle. Möglicherweise müssen Sie gerade Ihre Stärken stärken, bevor Sie überhaupt Zeit haben, sich um Ihre Schwächen zu kümmern. Während Sie die 28 Handlungsfelder aufmerksam analysieren, werden Sie erkennen, wo Sie in Ihrer speziellen Situation (Engpass) ansetzen müssen, um voranzukommen.

Stellen Sie sich auf lange Zeiträume ein

Denken Sie daran: Veränderungsprozesse brauchen Zeit. Viel Zeit. Vor allem für ein eigentümergeführtes Unterneh-

Aktionsplan

Erfolgsfaktor: ____________

Handlungsfeld: ____________

Priorität

A ☐ B ☐ C ☐

Note	Ist-Zustand

→

Note	Soll-Zustand

Wer?

Macht was?

Bis wann?

men, bei dem schnelle Erfolge in der Umsetzung üblich sind. Warum sollte es Jahre dauern, bis sich eine Firma von schlecht zu mittelmäßig bzw. von mittelmäßig zu gut entwickelt? Über die Jahre hatten wir die Gelegenheit, viele solcher Prozesse zu betreuen, daher wissen wir:

Gesagt ist noch nicht gehört.
Gehört ist noch nicht verstanden.
Verstanden ist noch nicht einverstanden.
Einverstanden ist noch nicht getan.
Einmal getan ist noch nicht mehrfach getan.

Und bis zur Veränderung von Persönlichkeiten, Charakter oder einer Wertestruktur im Unternehmen ist es einfach ein langer, langer Weg.

In der Regel hat dieser Prozess auch damit zu tun, sich von lieb gewordenen Gewohnheiten und hin und wieder auch von Mitarbeitern zu trennen. Ihr zukünftiger Top-Mitarbeiter steht jedoch nicht arbeitslos auf der Straße, sondern ist in einem anderen Unternehmen engagiert, wo er Bestleistungen vollbringt. Einen solchen Mitarbeiter zu gewinnen und zu halten ist wiederum ein langer Weg.

Tatsache ist: Nur wenn Sie mit einem klaren Aktionsplan an die Sache herangehen, der alle Ihre wichtigen Mitarbeiter involviert, haben Sie die Chance, eine halbe Note pro Jahr besser zu werden. Wenn Sie sich nur selbst diesem Thema widmen und die Mitarbeiter außen vor lassen, geht es entsprechend langsamer.

Wenn es also Ihr Ziel ist, zur Spitze aufzurücken, sollten Sie sich in aller Regel auf sechs bis zehn Jahre einstellen. Der Weg zur Weltspitze ist daher durchaus mit einem Marathon vergleichbar.

Wir empfehlen, die TEMP-Benotung einmal im Jahr im Rahmen Ihres Strategietages zu wiederholen. Dies ist schon deshalb wichtig, weil Sie für sich und Ihre Mitarbeiter immer wieder neue Ziele ableiten müssen. Mitarbeiter brauchen sinnvolle Zielvorgaben. Gute Mitarbeiter lieben Ziele geradezu.

Die TEMP-Methode® liefert konkrete Ziele

Wenn Sie auf der Suche nach solchen Zielvorgaben sind, werden Sie bei der TEMP-Methode® schnell fündig. Sie liefert eine Vielzahl von Ansatzpunkten, an denen Sie beispielsweise Jahresziele für sich und für Ihre Mitarbeiter festmachen können.

TEMP-Seminare ergänzen das Buch

Falls Sie auf Schwierigkeiten stoßen und Rat brauchen, bieten wir Ihnen unser »TEMP-Seminar: So erstellen Sie Ihr Strategiepapier mit der TEMP-Methode®« an (mehr unter www.temp-methode.de). Dort stehen wir Ihnen für Ihre individuellen Fragestellungen zur Verfügung.

Der entscheidende Unterschied zu diesem Buch besteht darin, dass Sie im Seminar zu jedem der 28 Handlungsfelder ausführliche Unterlagen erhalten, die es Ihnen ermöglichen, Schritt für Schritt Ihre Unternehmensqualität zu steigern.

So baut das mittelständische Unternehmen ein TEMP-Haus

Der Prozess für das mittelständische Unternehmen ist deutlich umfangreicher. Wir wollen Ihnen hier einen Weg zeigen, bei dem wir gemeinsam das TEMP-Haus bauen. Das TEMP-Haus weist Ihnen den Weg in eine erfolgreiche Zukunft.

Dieses Bild zeigt Ihnen ein ausgefülltes TEMP-Haus. Sie können erkennen, dass Sie links Ihre Bewertungen eintragen können, rechts planen Sie anschließend die nächsten Jahre.

Service: Eine digitale Vorlage für Ihr TEMP-Haus finden Sie kostenlos unter www.temp-methode.de/vorlagen

3. Slogan:

Gehäusetechnik:
„Wir biegen's hin."

C

4. Zielfoto/Vision:

Funbox -
Ein Schmuckkästchen,
das im Dunkeln leuchtet

D

Verbesserungs-bereiche	Note 31.12.2009	Aktuelles Jahr 2010	Nächstes Jahr 2011	In fünf Jahren 2015	Langfristiges Ziel ......
Teamchef	4,0	- Prozess der Mitarbeiterauswahl verbessern mit Aufgabenbeschreibung - durchschnittliche Zielerreichung aller Mitarbeiter 120% - 5% Umsatzrendite	- neues CI-Konzept erarbeiten - 6% Umsatzrendite	- variabler Lohnanteil bei 30% - 10% Umsatzrendite	Teamchef + Team = Dream-Team
Erwartungen des Kunden	3,5	- neuen Katalog erstellen - Internetauftritt überarbeiten - Kundenbefragung durchführen	- 10% Umsatzanteil über Internet - weiteren Außendienstmitarbeiter einstellen	- 25% Marktanteil in EU-Beitrittsländern - Kundennote mindestens 1,5	Erwartungen unserer Kunden ständig übertreffen
Mitarbeiter	3,9	- Jobrotation einführen - Mitarbeiterbeurteilung einführen - 2 Verbesserungsvorschläge/MA p.a.	- Jobrotation auch abteilungsübergreifend - Vorgesetztenbewertung durchführen - 3 Verbesserungsvorschläge/MA p.a.	- Altersversorgungsmodell einführen - leitende Mitarbeiter am Unternehmen beteiligen - 12 Verbesserungsvorschläge/MA p.a.	Mitarbeiter werden Mitunternehmer
Prozesse	2,8	- Prozessmodell überarbeiten - Umstellung auf DIN ISO 9001:2000 - < 1.000 ppm Fehlerrate - 1 Kaizen-Projekt mit M. Manazza	- Produktivität +10% gegenüber 2010 - < 750 ppm Fehlerrate - bei Erfolg, Kaizen im gesamten Unternehmen einführen	- Fertigung komplett „pull" statt „push" - < 50 ppm Fehlerrate	Permanent perfektionierte Prozesse

E F

2. Werte:

- Wir leben „Aufbruch zur Gelassenheit"
- Wir entfalten unsere Stärken durch Offenheit und gegenseitigen Respekt
- Wir sind proaktiv und übernehmen Verantwortung
- Wir müssen dann arbeiten, wenn Arbeit da ist, und nach Hause gehen, wenn keine Arbeit da ist
- Benutzen Sie Ihren gesunden Menschenverstand

B

1. Mission:

Funbox ist Anbieter verblüffender Lösungen aus Blech

A

Schritt für Schritt zur erfolgreichen Strategie

Um das TEMP-Haus bauen zu können, brauchen Sie Strategietage, bei denen alle Führungskräfte an einem Tisch sitzen. Wichtig ist, dass Sie alle Entscheidungsträger, inklusive Ihres Betriebsratsvorsitzenden, auf eine solche Tagung mitnehmen. Typischerweise findet das Ganze zweimal im Jahr statt – einmal im Frühjahr und einmal im Herbst. Wenn Sie sich in einem Hotel treffen, vermeiden Sie Störungen und erreichen eine entspannte Atmosphäre.

Die Strategietage sollten grundsätzliche Fragen beinhalten:

- Wo wollen wir hin?
- Wo wollen wir investieren?
- Welche Ziele setzen wir uns?
- Welche Projekte bzw. Herausforderungen bestehen in anderen Abteilungen?
- Welche Probleme müssen wir in der Zukunft bewältigen?

Die Gefahr eines solchen Meetings ist, dass man über schwierige Kunden, Lieferschwierigkeiten usw. redet. Damit allerdings wäre man wieder im operativen Bereich. Strategietage sollten tatsächlich der Strategie, also der langfristigen Planung gewidmet sein. Somit bieten Strategietage die Möglichkeit, Ihr Unternehmen aus der Helikopterperspektive zu betrachten.

Schritt 1

Schritt 1: So füllen Sie das TEMP-Haus mit Mission, Werten, Slogan und Zielfoto

Indem wir uns um die Themen »Mission, Werte, Slogan und Zielfoto/Vision« kümmern, schaffen wir die Rahmenbedingungen für das TEMP-Haus.

Mission

Die Mission besteht normalerweise aus einem leicht verständlichen Satz, der Klarheit darüber gibt, was der Sinn und Zweck Ihrer Firma ist. Dabei sollten Sie folgende Fragen beantworten:

- Wozu gibt es Ihr Unternehmen?
- Was würde fehlen, wenn es Ihr Unternehmen nicht mehr gäbe?
- Was ist die sogenannte USP (Unique Selling Proposition), das, was Ihr Unternehmen einzigartig macht?

Im Folgenden haben wir Ihnen einige gelungene Beispiele zusammengestellt:

- »To make people happy« (Walt Disney)
- »To be the most successful computer company in the world« (Dell)
- »To give ordinary folks the chance to buy the same things as rich people« (Wal-Mart)
- »Die Zukunft des Automobils.« (Mercedes-Benz)

Service: Eine Hilfe zum Verfassen Ihres eigenen »Mission Statements« finden Sie kostenlos unter www.temp-methode.de/vorlagen

Wenn Sie eine geeignete Formulierung für Ihr Unternehmen gefunden haben oder schon bereits besitzen, tragen Sie diese bitte an der Stelle B in das TEMP-Haus ein.

Werte

Die Werte eines Unternehmens sind eine Art Grundgesetz. Sie sind das Fundament, auf dem die Firma aufgebaut ist. In nur wenigen Unternehmen ist klar definiert, wie die Zusammenarbeit mit Kollegen, Kunden, Lieferanten, Wettbewerbern usw. aussieht.

Werte sind aus folgenden Gründen wertvoll:

- Werte verbinden (man ist auf einer Wellenlänge).
- Werte haben eine prägende Kraft.
- Werte geben Kontinuität, gerade dann, wenn Prioritäten und Anforderungen sich rasant verändern.
- Werte helfen, in harten Zeiten ein positives Verhalten (z. B. Ehrlichkeit) aufrechtzuerhalten.

Im Folgenden zeigen wir Ihnen ein Beispiel, wie man Werte in ihrer einfachsten Form regeln kann. Diese scheckkartengroßen Kärtchen kann man jederzeit im Portemonnaie mit sich führen. Falls Sie gerne eine solche »Scheckkarte« haben möchten, schreiben Sie bitte eine E-Mail an knoblauch@tempus.de.

Falls Sie sich über Ihr Wertesystem Gedanken gemacht haben, tragen Sie diese bitte an der Stelle B in das TEMP-Haus ein. Ansonsten könnte das auch ein Thema für Ihre nächsten Strategietage sein.

Persönliche Werte

- Seien Sie zu anderen ehrlich - ohne Kompromisse!
- Vertrauen Sie Ihren Kollegen/Partnern
- Seien Sie ein uneigennütziger Mentor
- Seien Sie offen für neue Ideen, ohne Vorurteile
- Vertreten Sie unpopuläre Entscheidungen, wenn es der Organisation hilft
- Geben Sie angemessene und echte Anerkennung
- Lassen Sie die Hände von schmutzigem Geld
- Stellen Sie die Interessen anderer über Ihre eigenen

Business Werte

- Wir leben "Aufbruch zur Gelassenheit"
- Wir entfalten unsere Stärken durch Offenheit und gegenseitigen Respekt
- Wir sind proaktiv und übernehmen jeden Tag begeistert Verantwortung
- Gemeinsam sind wir für den Kunden da "total"
- Wir liefern Produkte, die uns überzeugen

tempus.®
☎ 07322 950-200

Slogan

Nicht umsonst haben wir den Slogan in Form einer Fahne auf Ihr TEMP-Haus gesetzt. Ein Slogan ist eine Aussage, die Ihre Leistung dem Kunden gegenüber verdeutlicht. Ein Slogan transportiert immer eine Botschaft. Dem Kunden wird in wenigen Worten gesagt, was das Unternehmen will.

Sie haben folgenden Nutzen aus einem Slogan:

- Kunden assoziieren automatisch bestimmte Dinge im Zusammenhang mit Ihrem Namen.
- Mitarbeiter im Haus wissen, was für das Unternehmen wichtig ist.
- Es gibt eine Botschaft, die Ihnen hilft, sich vom Wettbewerb zu unterscheiden.

Hier sehen Sie einige gelungene Beispiele:

- »Aufbruch zur Gelassenheit« (tempus)
- »Für eine saubere Welt« (Kärcher)

- »Vorsprung durch Technik« (Audi)
- »Freude am Fahren« (BMW)

Bitte tragen Sie Ihren Slogan an der Stelle C in das TEMP-Haus ein.

Das Zielfoto beschreibt das langfristige Ziel eines Unternehmens, einen wünschenswerten Zustand in der Zukunft. Dieses Zielfoto dient als Polarstern und beantwortet Fragen wie: »Wo wollen wir in Zukunft stehen? Wo wollen wir hin?« Ein Zielfoto ist ein Bild der Zukunft, das bei allen Beteiligten Begeisterung auslöst. Zielfoto/Vision

Hier das Zielfoto für das Busunternehmen und Reisebüro Fischwenger: *»Die bequeme Art zu reisen für Jung und Alt an jeden Ort. Wir verschmelzen die Orte dieser Welt zu einem einzigen. So wird die ganze Welt zum Zuhause unserer Kunden.«*

Hier ein weiteres Zielfoto von VW, dem größten europäischen Automobilhersteller: *»Jedes Fahrzeug in jeder Ausstattung an jedem Ort der Welt innerhalb von vier Wochen.«* Bitte tragen Sie Ihr Zielfoto/Vision an der Stelle D in das TEMP-Haus ein.

Ihre Mission und Ihre Werte bilden das Fundament des TEMP-Hauses und damit Ihres Unternehmens. Das Dach bildet das Zielfoto und nach außen erkennt man Sie am Slogan.

Schritt 2: Bewertung Ihres Unternehmens mit den TEMP-Tableaus

Schritt 2

Im nächsten Schritt geht es darum, das TEMP-Haus nun zu füllen. Deshalb ist es wichtig, Ihr Unternehmen genau zu analysieren. Bitte führen Sie dabei gemeinsam mit Ihren Führungskräften eine Bewertung Ihres Unternehmens mithilfe der TEMP-Tableaus durch. Die Tableaus finden Sie auf folgenden Seiten:

- 52 f. (Teamchef),

- 86 f. (Erwartungen des Kunden),
- 120 f. (Mitarbeiter) und
- 154 f. (Prozesse).

Anhand der Ergebnisse werden Sie sehen, wo bereits ein gemeinsames Verständnis vorherrscht und wo noch unterschiedliche Positionen bestehen. Wichtig ist, dass Sie sich alle auf eine Benotung verständigen können, denn darauf baut das weitere Vorgehen auf. Nachdem Sie diese Benotung vorgenommen haben, tragen Sie die Durchschnittsnote für die einzelnen Bereiche bitte an der Stelle E in das TEMP-Haus ein.

Schritt 3

Schritt 3: Planung der nächsten Jahre

Nun geht es darum, sich klar zu werden, in welchem der 28 Bereiche Sie weiterarbeiten wollen. Dabei gibt es drei Möglichkeiten:

- Sie arbeiten an Ihren Stärken (also in Bereichen, in denen Sie bereits gut sind).
- Sie arbeiten an Ihren Schwächen (also in Bereichen, in denen Sie nicht gut sind).
- Sie arbeiten an Ihrem Engpass, dem sogenannten längsten Hebel.

Die Noten für die Bereiche T, E, M und P haben Sie bereits eingetragen.

Um jetzt zu Zielvereinbarungen im Bereich »Teamchef« zu kommen, gehen Sie auf Ihr ausgefülltes T-Tableau (die Kopiervorlage finden Sie auf Seite 52).

Sie haben dort 7 Handlungsfelder. Welche Handlungsfelder sind für Sie die wichtigsten im Sinne einer Problemlösung? Sie haben ja Ihre Kreuzchen gesetzt und sehen immer am Feld rechts daneben, was Ihre nächste Herausforderung ist. Diese nächsten Maßnahmen füllen Sie nun handschriftlich an der Stelle F in Ihr TEMP-Haus ein.

Wenn Sie T abgeschlossen haben, wiederholen Sie den Prozess mit den Bereichen E, M und P. Sie haben jetzt einen Überblick über die Verbesserungen in allen Bereichen des TEMP-Systems. Somit ist ein ganzheitliches Vorankommen Ihres Unternehmens gewährleistet.

Möglicherweise sind Sie ja so begeistert wie jener Unternehmer, der alle 28 Handlungsfelder gleichzeitig angehen wollte. Dies funktioniert natürlich so nicht. Sie haben nur ein bestimmtes Maß an Zeit und Energie. Außerdem haben Sie auch noch andere wichtige Projekte, die Ihre Aufmerksamkeit benötigen. Entscheiden Sie sich daher auf jedem dieser Gebiete für zwei bis drei Handlungsfelder.

Die 28 Handlungsfelder der TEMP-Methode® decken alle wesentlichen Bereiche ab. Falls es jedoch in Ihrem Unternehmen einen Bereich gibt, der eine ganz besondere strategische Bedeutung hat und in den genannten 28 Feldern nicht berücksichtigt ist, können Sie diesen in den leeren Feldern des TEMP-Hauses eintragen.

- Dies könnte z. B. der Bereich der Finanzen sein (siehe Seite 188).
- Dies könnte auch der Bereich der Werteorientierung sein. (siehe Seite 190).
- Dies könnte eine Wettbewerbsanalyse oder Ähnliches sein.

Möglicherweise gibt es noch weitere Aufgaben, denen Sie sich widmen müssen, wie zum Beispiel:

- Lagerneubau
- Umzugspläne
- Investitionen in eine neue Software
- Nachfolgeregelung usw.

Im Kern gehen Sie genauso vor wie mit den TEMP-Elementen. Sie fragen sich ganz einfach: Wo stehe ich heute? Wo will ich in einem Jahr stehen? Wo will ich in fünf Jahren stehen?

Service: Ein Beispiel eines solchen Ergebnisprotokolls finden Sie kostenlos unter www.temp-methode.de/vorlagen

Es ist wichtig, dass Sie am Ende der Strategietage ein Ergebnisprotokoll haben, in dem steht, wer was bis wann macht.

Sie haben nun die Voraussetzung geschaffen, um Zielvereinbarungen schrittweise in Ihrem Unternehmen einzuführen. Jetzt geht es um die Frage: Wer kann was zum »Hausbau« beitragen?

Quartalsgespräche

Quartalsgespräche

Die Erfahrung in mittelständischen Unternehmen hat immer wieder gezeigt, dass es oft nicht an den Strategien, sondern meistens an der Umsetzung hapert. Wir alle sind Wissensriesen, aber Umsetzungszwerge. Deshalb ist es wichtig, nicht nur Strategien festzulegen, sondern auch ihre Umsetzung zu überprüfen. Hierzu bietet sich die Durchführung von sogenannten Quartalsgesprächen an. Nur so ist die Koordination der vielen Projekte zu meistern. Unter Quartalsgesprächen verstehen wir Gespräche zwischen Vorgesetztem und Mitarbeiter unter vier Augen. Ein solches Gespräch findet typischerweise drei- oder viermal im Jahr statt.

Das Quartalsgespräch hat aber auch noch eine andere Funktion. Der Mitarbeiter ist angehalten, sich schriftlich auf dieses Gespräch vorzubereiten. Die Fragestellung an den Mitarbeiter heißt: Was will ich über bereits vereinbarte Dinge hinaus zum Wohle des Unternehmens in den nächsten drei Monaten beitragen?

Zusätzlich ist dieses Gespräch auch eine Art »Hygienefaktor«. Solche Gespräche dauern in der Regel eine Stunde. Der Mitarbeiter weiß, dass sein Chef sich uneingeschränkt Zeit für ihn nimmt. Dies ist durchaus auch der Platz, um z. B. die familiäre Situation anzusprechen oder deutlich zu machen, dass man sich mehr Unterstützung durch die Geschäftsleitung wünscht. Der Mitarbeiter kann manches an offenen Fragen und Schwierigkeiten ertragen, wenn er weiß, dass er demnächst ein Gespräch mit seinem Chef hat.

Lassen Sie uns erklären, wie ein Quartalsgespräch durchgeführt wird. Es ist durchaus gewollt, dass die Hauptarbeit beim Mitarbeiter liegt, indem er sich ausführlich vorbereitet.

1. Terminvereinbarung

Es hat sich durchaus bewährt, rechtzeitig vor dem Termin eine schriftliche Einladung mit einer kleinen Tagesordnung zu schicken. In dieser Einladung kann z. B. auch erklärt werden, was ein Ziel zum Ziel macht (messbar und machbar).

2. Gesprächsvorbereitung für den Vorgesetzten

- Die gesammelten Notizen, die bisher noch ungeordnet in einem Hängeordner liegen, jetzt ordnen und der jeweiligen Person zuweisen.
- Das letzte Quartalsgespräch noch einmal durchlesen. Möglicherweise sind auch Dinge enthalten, zu denen sich der Vorgesetzte selbst verpflichtet hat und die noch nicht erledigt sind.
- Liste der Überstunden des Mitarbeiters beschaffen. Im Verlauf des Gespräches sollte dieser Bereich angesprochen werden.

3. Das Gespräch selbst (Vier-Augen-Gespräch)

- Protokoll des letzten Gespräches durcharbeiten. Wenn zu viel offen ist, auf Bring- und Holschuld hinweisen. Hier im Hause herrscht Bringschuld, d.h. wenn der Mitarbeiter einen Punkt nicht rechtzeitig erledigen kann, muss der Chef vorab informiert werden.
- Vorschläge für das nächste Quartal, die der Mitarbeiter auf einem DIN-A4-Blatt mitbringt, gemeinsam durcharbeiten. Falls noch keine Kopie gemacht ist, diese jetzt erstellen, damit beide das gleiche Blatt vor sich haben. Falls es jetzt zu Schwierigkeiten kommt, muss ein neuer Termin vereinbart werden.

Solche Schwierigkeiten können sein:

- Handschriftliches Blatt, das kaum lesbar ist.
- Die aufgelisteten Ziele sind eigentlich keine Ziele im Sinne von »ist es messbar, ist es machbar?« (möglicherweise sind es ja nur gut gemeinte Absichten).
- Das neue Blatt ist beinahe deckungsgleich mit den Projekten vom vorhergehenden Quartalsgespräch.
- Der Mitarbeiter hat seine Gedanken nur in seinem Kalender/Zeitplanbuch notiert.
- Vorgeschlagenes Projekt ist erst in einem Jahr zu realisieren, aber nicht im nächsten Quartal.

– Im Anschluss sollte mindestens noch Folgendes angesprochen werden:
  - Weiterbildung
  - Ist die Unterstützung durch die Geschäftsleitung ausreichend?
  - Genügend Personal? Oder können Stunden reduziert werden?

Die Gehaltssituation ist kein Thema für Quartalsgespräche. Sinnvollerweise sollte dieses Thema nur einmal im Jahr besprochen werden. Dafür muss es einen festen Termin geben.

Zu Anfang wird es Quartalsgespräche nur zwischen dem Chef/Geschäftsführer und seinen Bereichsleitern geben. Zu einem späteren Zeitpunkt werden weitere Hierarchieebenen mit einbezogen. In einem kaskadenförmigen Prozess werden bei den Quartalsgesprächen alle Mitarbeiter mit einbezogen. Sollten Quartalsgespräche schon über mehrere Ebenen durchgeführt werden, dann ist dies der Zeitpunkt, wo der Mitarbeiter die Chance hat, über die von ihm durchgeführten Quartalsgespräche zu reden. Es geht nicht darum, jedes einzelne geführte Gespräch noch einmal zu erörtern, vielmehr geht es darum, offene Fragen zu beantworten, wie z. B. zu einer Wertethematik.

4. Am Ende des Gespräches
»Ich danke Ihnen, dass durch Ihren Einsatz und durch Ihr Engagement die Dinge hier im Hause vorangehen. Das nächste Quartalsgespräch ist im Monat ...«

Der genaue Termin wird festgelegt.

5. Abschluss
Das Blatt, das der Mitarbeiter mitgebracht hat, wird jetzt mit den diskutierten Veränderungen noch einmal vom Vorgesetzten diktiert. Im Anschluss unterschreiben Mitarbeiter und Vorgesetzter. Dies ist die Vereinbarung für die nächsten drei Monate.

Durchaus sinnvoll ist auch ein Hinweis über die Zusammenarbeit bis zum nächsten Quartalsgespräch. Es hilft dem Mitarbeiter zu wissen, dass man sich z. B. erst wieder in drei Monaten trifft, weil man mit seinen Leistungen hoch zufrieden ist. Dass man aber mit einem anderen Mitarbeiter sich mehrmals wöchentlich trifft, weil es die Situation erfordert. Beide Verhaltensweisen haben weder etwas mit Achtung noch mit Missachtung zu tun.

Erfahrungsgemäß braucht es einige Gespräche, bis ein solcher Prozess für alle Beteiligten »rund« läuft.

Wann lohnt es sich, einen Berater an Bord zu nehmen?

Niemand kennt Ihr Unternehmen so gut wie Sie – auch nicht ein noch so talentierter Berater.

Die Erfahrung hat gezeigt, dass es schwierig ist, mitzudiskutieren und gleichzeitig zu moderieren. Wenn jedoch der Berater die Diskussion moderiert, kann sich der Unternehmer voll auf die Inhalte konzentrieren. Der Berater wird außerdem als neutral angesehen, während man oft bei Chefs erlebt, dass die Mitarbeiter denken: »Welches Ziel verfolgt der Chef mit seinen Aussagen?«

Der wichtigste Grund für den Einsatz eines Beraters ist, dass er den Prozess beherrscht. Viele unserer Kunden ziehen unsere Berater deshalb zu Projekten hinzu, weil wir eine Art »Leitplankenfunktion« sicherstellen. Zum einen, dass sich der Prozess richtig entwickelt, zum anderen, dass die gewünschten Ergebnisse herauskommen. Gerne klären wir mit Ihnen Kosten und Verfügbarkeit (info@tempus-Consulting.de).

Ein Berater dient Ihnen bei der Strategieentwicklung nicht nur als Moderator. Da er den Gesamtprozess im Auge hat, kann er optimale Ergebnisse gewährleisten.

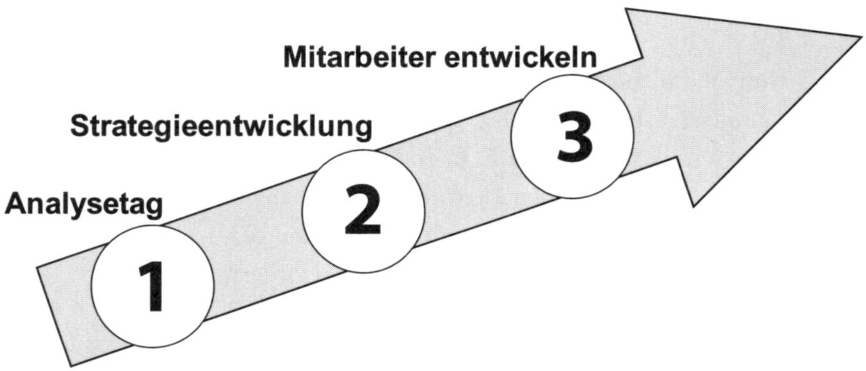

1. Analysetag (typischerweise 1-2 Tage in Ihrer Firma)	2. Strategieentwicklung (typischerweise 2-3 Tage in einem Hotel)	3. Mitarbeiter entwickeln (typischerweise 5-15 Tage, je nach Firmengröße)
• Das Unternehmen bewerten – weitere Schritte zur Erhöhung der Fitness festlegen • Kennzahlen – Welche Zahlen sind nötig, um Veränderungen zu managen?	• Ein klares Bild der Zukunft (Zielfoto) entwickeln • Umsetzbare Strategien erarbeiten • Unternehmensbewertung als Erfolgskontrolle	• Richtige Führung von Quartalsgesprächen beibringen • Führungskräfte befähigen, erfolgreich zu führen • Messbare und machbare Ziele für jeden Mitarbeiter formulieren
„An diesem Tag habe ich mehr über mein Unternehmen erfahren als in den letzten 10 Jahren"	*„Wir glaubten eigentlich eine Strategie zu besitzen. Danach war uns klar, dass wir von der Hand in den Mund lebten."*	*„Aus unseren Mitarbeitern wurden nicht nur Mitunternehmer, sondern 'Marktmacht-Inhaber'."*

Wie Unternehmensberater von der TEMP-Methode® profitieren

Mittlerweile gibt es eine Vielzahl von Beratern, die erfolgreich mit der TEMP-Methode® arbeiten. Eine dreitägige Lizenzierung versetzt den Berater in die Position, die TEMP-Methode® erfolgreich anzuwenden.

- Die zu beratende Firma füllt die vier TEMP-Tableaus vorab aus. Dies ist ein Prozess, der 10 bis 15 Minuten in Anspruch nimmt. Mithilfe dieser Unterlagen kann nun der Berater seine Präsentation in Ruhe vorbereiten. Statt mit langen IST-Analysen beim Kunden zu beginnen, kann er bereits am ersten Beratungstag mit Lösungsansätzen beeindrucken bzw. ermöglichen ihm die vier ausgefüllten TEMP-Tableaus, ein Angebot zu erstellen, das genau am Engpass ansetzt.
- Da die TEMP-Methode® nicht an einer Uni entstanden ist, sondern in der mittelständischen Unternehmenspraxis, handelt es sich hier um ein scharf geschliffenes Werkzeug. Der Berater kann durch schnelle Ergebnisse beeindrucken.
- Auch wenn die Methode in der Praxis entstanden ist und dort für schnelle Ergebnisse sorgt, sorgt ein wissenschaftlicher Beirat dafür, dass alle relevanten Bereiche abgedeckt sind.
- TEMP-Berater treffen sich regelmäßig, um sich mit Praxisbeispielen zu schulen und weiterzuentwickeln.

Einstieg in dieses Netzwerk ist eine dreitägige Lizenzierung.

Dass sich diese Methode bewährt hat, zeigt eine Vielzahl von Zuschriften. Teilnehmer berichten von einer neuen Sichtweise, von neuen Wegen die sie gehen.

Die TEMP-Methode® in der konkreten Anwendung

Möglicherweise fragen Sie sich, wie die TEMP-Methode® in der Praxis funktioniert. Wir möchten das anhand eines kurzen Beispiels illustrieren:

Ein Unternehmer, Inhaber von acht Bäckereiverkaufsfilialen, besucht das TEMP-Seminar. Für ihn ist dieser Seminartag seit Monaten zum ersten Mal wieder eine Möglichkeit, über sich und sein Unternehmen nachzudenken. Dazu passt, dass der erste Seminarteil ihm und seiner Rolle im Unternehmen gewidmet ist. Frei von jeder operativen Hektik stellt sich der Unternehmer den entscheidenden Fragen nach seinen Stärken und nach seinen persönlichen sowie familiären Zielen. Weiter fragt er, wie er diese privaten Ziele mit seinen betrieblichen Zielen in Übereinstimmung bringen kann.

Vor wenigen Jahren hat der Unternehmer die Firma von seinen Eltern übernommen und in eine Phase der stürmischen Expansion geführt. Ihm wird bewusst, dass er zwar die letzten Jahre im Managen (also im Lösen von operativen Problemen) sehr stark wurde. Das Führen, vor allem im Bereich der Zukunftsplanung, ist dagegen sehr kurz gekommen. Er hat sehr viel im Unternehmen, aber nicht am Unternehmen gearbeitet. Im Seminar findet er Unternehmer, die vor ähnlichen Herausforderungen stehen. Vor allem die gemeinsamen Pausen werden für Beratungsgespräche und Erfahrungsaustausch genutzt.

Während des Seminars gibt es konzentrierten Input, aber auch Zeit zur Eigenarbeit bzw. Arbeit an der eigenen Situation. Der Unternehmer hat genug Zeit, seine Überlegungen zu formulieren und zu konkretisieren. Daraus entstehen umsetzbare Aktionspläne. Diese Aktionspläne hat er nach Prioritäten geordnet und ins TEMP-Haus übertragen.

Zu Hause angekommen ist ihm klar, dass er diese umfangreichen Veränderungen nicht ohne die Unterstützung seiner engsten Mitarbeiter durchführen kann. Deshalb wird zwei Monate nach Besuch des Seminars mit dem TEMP-Team ein zweitägiges Inhouse-Seminar für die zwölf wichtigsten seiner insgesamt 140 Mitarbeiter durchgeführt. Im Vorfeld hatte der Unternehmer bereits die neue Mission des Unternehmens kommuniziert. Jetzt liegt ihm daran, dass er Veränderungen nicht alleine umsetzt: Seine wichtigsten Mitarbeiter sollen die neue Mission mittragen. Das zweitägige Training reicht aus, um den Mitarbeitern die notwendigen Instrumente an die Hand zu geben. Sie wissen nun, welche weiteren gemeinsamen Schritte in der folgenden Zeit zu tun sind.

In der Folge werden mit einzelnen Mitarbeitern Jahresziele vereinbart. Beim Formulieren achten beide Seiten darauf, dass die Ziele messbar und machbar sind. Damit sie immer im Blick sind, bringt jeder Mitarbeiter seine Ziele am eigenen Arbeitsplatz an.

Das Unternehmen stellt sich erstmals dem Benchmarking. Dabei stellt es fest, dass im Bereich der Produktion ein großer Nachholbedarf besteht. Das eigene Know-how ist nicht ausreichend, so dass der Unternehmer an das TEMP-Team mit der Bitte um weitere Beratung herantritt. Der von TEMP vermittelte Berater kann zusammen mit den Mitarbeitern vor Ort eine Erhöhung der Effizienz um 15 Prozent erreichen. Das Unternehmen ist jetzt 15 Prozent schneller, benötigt 15 Prozent weniger Lagerfläche und macht 15 Prozent weniger Fehler.

Bei den jährlichen TEMP-Anwender-Treffen, den sogenannten Unternehmertagen, erhält der Unternehmer weitere Anregungen und kann sich mit anderen Unternehmern austauschen (www.temp-unternehmertag.de).

»Während ich früher manchmal nicht wusste, wo mir der Kopf stand, ist mir jetzt nicht nur klar, welche Herausforderungen es für mich zu bewältigen gilt. Ich weiß jetzt auch, wie ich in den kommenden Jahren vorgehen muss. Für die Zukunft meines Unternehmens leitet mich nun ein klares Konzept.«

Ein TEMP-Anwender

Dank

Viele Personen haben zum Entstehen dieses Buches beigetragen. Ihnen möchten wir gerne ausdrücklich Danke sagen:

- *Prof. Dr. Lothar Seiwert,* der als Ideen- und Impulsgeber diesem Buch zur Seite stand.
- *Prof. Dr. Dr. Ekbert Hering, Prof. Karl Maisch* und *Prof. Dr. Dr. Kurt Nagel,* die als wissenschaftlicher Beirat dieses Buch und die Entwicklung der Konzepte in unserer Unternehmensgruppe begleitet haben.
- *Lars Stängle und Rolf Kummer,* die die TEMP-Methode® von Anfang an geprägt und begleitet haben.
- *Daniel Saarbourg,* der es verstanden hat, mit den Grafiken und Tabellen komplizierte Sachverhalte übersichtlich darzustellen.
- *Christine Albrecht,* die das Manuskript mitgestaltet hat.
- *Frank-Michael Rommert,* der uns auf dem Weg vom Manuskript bis zu diesem Buch mit seinen wertvollen Hilfestellungen begleitet hat.
- *Traudel Knoblauch* für das aufmerksame Korrekturlesen.
- *Walter Fries,* der das Finanz-Tableau erschaffen hat.
- *Alfred Lang,* der den Anwendungsbereich Handwerker geprägt hat.
- *Barbara von Schnurbein, Maria-Anna Leuthner-Fischbach* und *Karl-Otto-Kaiser,* die das TEMP-Modell auf den Bildungsbereich übertragen haben.

- *Karl Schock, Heinrich Hofmann und viele andere Mitstreiter,* die die TEMP-Tableaus in die kirchliche Arbeit übertragen haben.
- *Marcel Dompert,* dem Assistenten von Jörg Knoblauch, der auch bei diesem Projekt wieder entscheidend seine Unterstützung gegeben hat.

Ebenso möchten wir uns bei all unseren Kunden, TEMP-Anwendern und Lizenznehmern für das Feedback und die vielfältigen Ideen zur Weiterentwicklung der TEMP-Methode® bedanken.

Giengen, im Frühjahr 2009

Prof. Dr. Jörg Knoblauch (knoblauch@tempus.de)
Jürgen Kurz (jkurz@tempus.de)
Jürgen Frey (jfrey@tempus.de)

Register

Org edition

Einfach organisiert! Selbstmanagement für Job & Office

Die 17 besten Seiwert-Tipps für Sofort-Erfolg

9. Auflage

URG-GW-SE-6/32

Impressum

ISBN 3-8125-0237-2, ISSN 0948-2563
„Die 17 besten Seiwert-Tipps für Sofort-Erfolg"
9. Auflage
Verlag für die Deutsche Wirtschaft AG
Eingetragen: Amtsgericht Bonn HRB 8165
Vorstand: Dipl.-Kfm. Helmut Graf, Bonn
Herausgeber: Detlef Koenig, Bonn
Produktmanagement: Patricia Schumacher, Bonn
Redaktion: Jörg-Steffen Schötensack, Berlin
Illustrationen: Werner „Tiki" Küstenmacher, Gröbenzell
Herstellungsleitung: Dipl.-Ing. Monika Graf, Bonn
Herstellung: Dirk Rolke, Bonn
Satz: Werbeagentur Wilms, Bornheim
Druck: Chudeck Druck Service, Bornheim-Sechtem

Besucheradresse:
Verlag für die Deutsche Wirtschaft AG
Theodor-Heuss-Straße 2–4
53177 Bonn
Großkundenpostleitzahl:
53095 Bonn
Telefon: (0228) 9 55 01 40
Telefax: (0228) 3 69 61 36
E-Mail: info@einfach-organisiert.de

1

Schriftlich planen

Wer seinen Arbeitstag acht Minuten vorbereitet und konsequent in Angriff nimmt, kann täglich eine Stunde Zeit für das Wesentliche gewinnen. Legen Sie dafür Ihre Zeitpläne schriftlich fest, denn dies verschafft Ihnen

- einen besseren Überblick,
- eine Entlastung Ihres Gedächtnisses,
- eine Steigerung Ihrer Selbstmotivation,
- mehr Konzentration,
- eine bessere Kontrolle,
- eine Dokumentation der geleisteten Arbeit.

2

Tagespläne verwenden

Im Rahmen von Zeitplänen empfiehlt sich als erster Schritt die Planung eines einzelnen Tages:

- Der Tag ist die kleinste und überschaubarste Einheit einer systematischen Zeitplanung.
- Man kann jeden Tag neu beginnen, wenn ein Tag nicht erfolgreich verlaufen ist.
- Wer seine Tagesabläufe nicht durch Planung im Griff hat, wird auch längere Perioden wie Monats- oder Jahrespläne nicht einhalten können.

3

Realistisch planen

Ein realistischer Tagesplan sollte grundsätzlich nur das enthalten, was Sie an diesem Tag erledigen wollen bzw. müssen und auch können! Denn je mehr Sie die gesetzten Ziele für erreichbar halten, umso mehr konzentrieren Sie auch Ihre Kräfte darauf und mobilisieren sich, die Tagesziele zu erreichen.

4

Aufgabenmanagement optimieren mit der ALPEN-Methode

Nutzen Sie die ALPEN-Methode als effektives Instrument für Ihre Tagesplanung – sie ist einfach, sie verschafft einen detaillierten, geordneten Überblick, und sie ermöglicht ein konzentriertes Abarbeiten Ihrer Aufgaben. Ihr Tag wird durchsichtig und greifbar, Sie nehmen Ihre Hauptaufgaben gezielt in Angriff und lassen sich weniger leicht durch Nebensächlichkeiten ablenken:

- **A**ufgaben zusammenstellen,
- **L**änge der Tätigkeiten schätzen,
- **P**ufferzeiten für Unvorhergesehenes reservieren,
- **E**ntscheidungen über Prioritäten, Kürzungen und Delegation treffen,
- **N**achkontrolle: Unerledigtes übertragen.

5

Zeitplanung verbessern

Verplanen Sie nur einen bestimmten Teil Ihrer Arbeitszeit, erfahrungsgemäß ca. 60 Prozent. Unvorhergesehene Ereignisse, Störgrößen, Zeitdiebe und persönliche Bedürfnisse erfordern es, sich nicht restlos zuzuplanen. Ihre Zeiteinteilung sollte demnach aus drei Blöcken bestehen:

- ca. 60 Prozent für geplante Aktivitäten (Tagesplan),
- ca. 20 Prozent für unerwartete Aktivitäten (Störungen, Zeitdiebe),
- ca. 20 Prozent für spontane und soziale Aktivitäten (kreative Zeiten).

Lebenshüte festlegen

Jeder Mensch nimmt im Berufs- und Privatleben eine Vielzahl von Rollen ein, zum Beispiel als Führungskraft oder als Elternteil. Nennen wir diese Rollen Lebenshüte. Oft muten wir uns davon zu viele zu, was unsere Lebensqualität einschränkt – uns bleibt zu wenig Zeit für das, was uns im Leben wichtig ist.

Prüfen Sie daher, wo Sie Ballast abwerfen können. Überlegen Sie sich, ob Sie den einen oder anderen Lebenshut ablegen können, der Ihnen nicht wirklich wichtig, der verzichtbar ist. Die Kunst liegt in der Beschränkung auf das Wesentliche. Trennen Sie außerdem nicht zwischen Beruflichem und Privatem, sondern denken Sie stets in der Kategorie Sowohl-als-auch. Berufs- und Privatleben bilden durch das Konzept der Lebenshüte eine Einheit.

7

Ziele setzen

Ziele setzen heißt, in Richtung Zukunft denken. Das traditionelle Denken in Einzelaufgaben verleitet dazu, sich in Einzelheiten zu verlieren. Das Denken in Zielen bewirkt, dass das Einzelne auf das große Ganze ausgerichtet wird. Man weiß, wohin man will und welchen Zustand es zu erreichen gilt. Ziele dienen der Konzentration der Kräfte auf den eigentlichen Schwerpunkt.

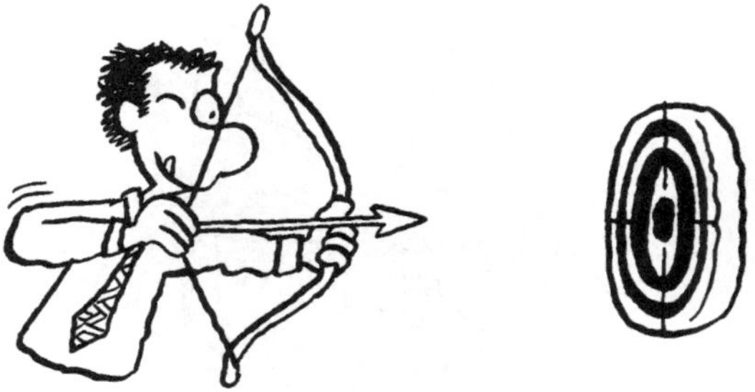

8

Zielvereinbarungen festlegen

Zielvereinbarungen zwischen Vorgesetzten und Mitarbeitern sind ein effizientes Führungsinstrument, aufgrund dessen die persönlichen Managementmethoden gesteuert und dennoch flexibel gehalten werden. Die (Zeit-)Planung wird dadurch beschleunigt, die Entscheidungsfindung und Festlegung von Prioritäten systematisiert, Verantwortung delegiert und die Kontrolle optimiert.

9

Lebens- und Karriereziele planen

Klar definierte Ziele im Lebens- und Karriereplan bringen Sie Ihrem beruflichen und persönlichen Erfolg näher, denn sie steigern nicht zuletzt Ihre Motivation.

Richten Sie sich nach einem Zielsetzungsprozess in drei Stufen:

1. Zielfindung („Was will ich persönlich/beruflich?"),

2. Situationsanalyse („Was kann ich persönlich/beruflich?"),

3. Zielplanung („Was werde ich wie persönlich/beruflich in Angriff nehmen?").

Seien Sie so konkret wie möglich; gehen Sie größere Ziele in Etappen an; setzen Sie sich möglichst Termine; und eignen Sie sich erforderliches Wissen umfassend an. Überprüfen, aktualisieren und ergänzen Sie Ihren Lebens- und Karriereplan regelmäßig.

10

Prioritäten setzen

Bei einer Vielzahl von Aufgaben läuft man leicht Gefahr, sich zu verzetteln, sodass wichtige Dinge oftmals am Ende des Tages liegen geblieben sind.

Mehr Erfolg verspricht die Konzentration auf jeweils eine einzige Aufgabe, die Sie konsequent erledigen. Voraussetzung dafür ist, eindeutige Prioritäten festzulegen und sich daran zu halten. Prioritätensetzung heißt, darüber zu entscheiden, welche Aufgaben erstrangig, zweitrangig und welche nachrangig zu behandeln sind (A-, B- und C-Aufgaben). Aufgaben mit höchster Priorität müssen zuerst erledigt werden.

Aufgaben delegieren

Wer delegiert, führt! Wer nicht effektiv delegiert, betreibt auch kein effektives (Zeit-)Management. Delegation bedeutet Zeitgewinn und Selbstentlastung für die Führungskraft einerseits und Kompetenzerweiterung und Personalentwicklung für den Mitarbeiter andererseits, also Vorteile für beide Seiten.

Folgende Punkte sollten geklärt werden:

- **Was** soll getan werden (Thema, Inhalt)?
- **Wer** soll es tun (Person)?
- **Warum** soll er es tun (Motivation, Ziel)?
- **Wie** soll er es tun (Umfang, Details, Kompetenzen)?
- **Wann** soll es erledigt sein (Termine)?

Positiv denken und handeln

Gönnen Sie sich Zeit am Morgen. Versuchen Sie, jedem Tag etwas Positives abzugewinnen, denn Ihre Grundeinstellung zu Ihrer Umwelt, also auch die Einstellung, wie Sie an die anstehenden Aufgaben herangehen, hat einen maßgeblichen Anteil an Ihrem Erfolg oder Misserfolg.

Erfolg hängt sehr stark von der persönlichen Einstellung, den eigenen Gedanken, Gefühlen und Gemütszuständen ab und kann durch positives Denken und Handeln entsprechend beeinflusst werden.

Pausen machen

Beim „Durcharbeiten" sinken erwiesenermaßen sowohl Leistung als auch Konzentration. Machen Sie guten Gewissens Pausen. Nach 90 Minuten Arbeit sind zehn Minuten Pause fällig – am besten mit Bewegung und frischer Luft. In Stressphasen können es ruhig auch ein paar Minuten mehr sein. Lassen Sie dabei Ihre Augen ohne bestimmte Ziele in die Ferne schweifen – das entspannt besonders dann, wenn Sie viel am PC arbeiten.

14

Hochphasen nutzen

Erledigen Sie die wichtigsten Aufgaben zu der Tageszeit, die Ihre leistungsstärkste ist. In der Regel ist das der Vormittag. So arbeiten Sie weitaus effizienter. Ihre täglichen Aufgaben und Routineaufgaben können Sie über den Rest des Tages so verteilen, wie es sich am günstigsten ergibt.

15

Unerledigtes kontrollieren

Überprüfen Sie jeden Tag, welche Aufgaben nicht erledigt werden konnten und auf den nächsten Tag übertragen werden müssen. Unerledigtes geht sonst unweigerlich verloren. Außerdem verstärkt das planerische Übertragen die innere Motivation, diese Sache endlich auch zu tun.

Den Wert des Tages und des Abends erkennen

Machen Sie sich im Sinne einer positiven Lebensführung bewusst, welche Qualität und welchen Wert der Tag für Ihr Leben hatte. Was haben Sie heute erreicht? Inwiefern sind Sie Ihren Zielen näher gekommen? Schließen Sie mit einer positiven Stimmung ab. Überlegen Sie sich, wie Sie den Abend verbringen möchten.

Viele kommen abends von der Arbeit nach Hause, ohne einen Gedanken darauf verwendet zu haben, wie sie Freude verbreiten und eine Grundlage für einen angenehmen Feierabend schaffen können (Partner, Familie, Theater, Konzert, Buch, Freunde, Ausgehen, Sport, Meditation etc.).

3 Regeln für eine positive Lebenseinstellung

1. Jeden Tag etwas tun, das Ihnen sehr viel Freude bereitet.

2. Jeden Tag etwas tun, das Sie Ihren persönlichen Zielen spürbar näher bringt.

3. Jeden Tag etwas tun, das Ihnen einen Ausgleich zur Arbeit verschafft (Sport, Familie, Hobby etc.).

SEIWERT-Literatur

- Seiwert, Lothar J.: **Das neue 1x1 des Zeitmanagement**. 23. Aufl. Offenbach: GABAL Verlag 2001 (4-farbig, über 900.000 Ex.).
- Seiwert, Lothar J.: **Wenn Du es eilig hast, gehe langsam**. 7. Aufl. Frankfurt/New York: Campus Verlag 2001 (aktueller Bestseller).
- **Lothar J. Seiwert-Coaching-Brief**. Professioneller und souveräner arbeiten und leben. *Monatlicher Beratungs- und Trainingsbrief*. München: Aktuell Verlag im Olzog Verlag, 2000ff. Im Internet: www.coaching-briefe.de

»Alles fing damit an, daß ich mein Zeitplanbuch verloren habe.«

Einfach organisiert!
Selbstmanagement
für Job & Office